自然保护区探险系列

给猴王照相

刘先平 著

河北出版传媒集团

河北教育出版社

图书在版编目（CIP）数据

给猴王照相 / 刘先平著 . -- 石家庄：河北教育出版社，2020.3
ISBN 978-7-5545-5494-4

Ⅰ . ①给… Ⅱ . ①刘… Ⅲ . ①自然科学- 少儿读物
Ⅳ . ① N49

中国版本图书馆 CIP 数据核字（2019）第 260614 号

书 名	**给猴王照相**
作 者	刘先平
出 版 人	董素山
责任编辑	汪雅瑛　陈 娟　刘亚飞
装帧设计	李 奥　脱琳琳

出 版	河北出版传媒集团
	河北教育出版社 http://www.hbep.com
	（石家庄市联盟路 705 号，050061）
制 作	翰墨文化艺术设计有限公司
印 制	石家庄联创博美印刷有限公司
开 本	700mm×1020mm　1/16
印 张	11.5
字 数	120 千字
版 次	2020 年 3 月第 1 版
印 次	2020 年 3 月第 1 次印刷
书 号	ISBN 978-7-5545-5494-4
定 价	32.00 元

引领孩子走进自然、热爱自然

——培养生态道德之美（代序）

刘先平

大自然养育了人类。

人类的文明史就是起始于对自然的认识和研究。

引领孩子认识自然，以启迪智慧的发展和对自我及世界的认识，自古以来就是教育的经典。

进入后工业化时代，人类面临生态危机，更凸显建设生态文明的必要。建设生态文明，构建人与自然和谐，保护可持续发展是世界的主题，人类永久追求的目标。

中共中央、国务院《关于加快推进生态文明建设的意见》明确指出：建设生态文明必须"坚持把培育生态文化作为重要支撑"，"积极培育生态文化、生态道德，使生态文明成为社会主流价值观"，"把生态文明教育作为素质教育的重要内容"。

歌颂人与自然和谐的当代大自然文学，是生态文化的重要内容，在培育生态道德方面有着无可替代的作用。

大自然是人类的母亲，这是共识，但随着历史的发展却陷入了误区。大自然是知识之源，这是事实，但常常却被人们忽略，需要正本清源。

一、大自然文学的内涵

大自然为人类的生存、发展提供了一切必备的条件：阳光、空气、水、食物……因而人类在早期对大自然视若母亲，顶礼崇拜，奉若神明。但随着社会的发展，人类为了满足不断膨胀的欲望，对大自然进行了无情的攫取，狂妄地任意改造自然，直到大自然严厉惩罚人类的愚蠢，人与自然矛盾的激化，甚至面临生态危机。生存危机迫使人类重新审视人与自然的关系，寻找造成生态危机的根源。审视的结果却是惊人的发现：即使是科技发展到今天，在茫茫的宇宙中仍然只有地球才是人类唯一的家园；万物之灵的人类，也只不过是大自然千万臣民中的一员；大自然中的万物组成了供人类生存、发展的生物圈，在这个生物圈中一荣俱荣，一损俱损。滋养人类的母亲也并非是取之不尽、用之不竭的源泉，她需要人类的呵护、节制才能永葆青春的美丽。总之，应尽快走出"大自然属于人类"的误区，达到"人类属于大自然"的境界——崇敬自然，热爱自然，保护自然。

毫不夸张地说，这是人类认识史上的一大飞跃！

书写大自然的文学是当今时代的呼唤和需要。如果说"文学是人学"，那么可否这样简单地来理解：我们每个人都生活在人与人、人与社会、人与自然的三维关系中，文学即是描写人与人、人与社会、人与自然的故事。但几千年，我们的文学多是描写人与人、人与社会的故事，却很少有专门描写人与自然的故事，歌颂人与自然的和谐。随着人类与自然矛盾的激化，面临着日益严重的生态危机，书写大自然文学或大自然文学应运而生。

之所以称之为书写大自然文学，意在突出人与自然的故事。第一位将西方自然文学介绍到我国的，是首都经济贸易大学的程虹博士、教授，那还是20世纪90年代，《文艺报》曾连续整版刊载了她写的评论。她满怀热爱大自然的激情，以明晰的思辨和优美、灵动、充满诗意的文字，解析、阐述着自然文学的丰富内涵，其难以企及的境界曾感染了很多读者。

其实大自然文学自古有之。我国的第一部诗歌集《诗经》就有很多关于自然的描写，孔夫子评价读《诗经》可以多识鸟兽虫鱼，李白、王维、杜甫、白居易等大诗人都留有众多描写自然壮美的诗篇。只是到了20世纪，有了新的时代使命，大自然文学有了质的变化，不再是单纯地赞美自然或以自然风景作为介质抒发作者的情感；作家有了融入自然的审美视角，进行着人与自然的对话……这使大自然文学不仅肩负着时代赋予的使命，同时也为文学艺术开辟了一个崭新的广阔空间。

对人与自然关系的审视，使人们逐渐认识到生态文明是一切文明的基础。试想，如果失去了生态文明，人类的生存都岌岌可危，其他的文明还有基础吗？

二、大自然文学的价值

精炼地说，大自然文学是描写人与自然的故事，歌颂人与自然的和谐。我这里要强调的是这个"自然"应是真实的自然，或者说是原生态的自然，是科学的自然，而不是童话或寓言式的自然。也可以叫作原旨大自然文学。

首先，只有还给孩子一个真实的大自然，才能引领孩子认识自然，认识自然之美，崇敬自然；否则，那后果是难以预料的。这就要求作家必须先去认识自然。其实我是用了40多年在大自然中探险并认识自然，我发现了很多奇妙的事情，如我们常见的苹果、梨子等都是结在果枝上的，但可可、波罗蜜、番木瓜却是在树干上开花结果，地榕果却是在树根上开花、结果，就连波罗蜜也有在树根上结果的禀性，更有在树叶上开花结果的叶上花，因而《奇根世界》才有可能引领读者认识生命的智慧和奥妙。西方植物学家都说："没有中国的杜鹃花，就没有西方的园林。"杜鹃花是木本花卉之王，而我们常见的杜鹃多是灌木，如映山红。然而在云南、贵州、四川、西藏却生活着乔木杜鹃，在高黎贡山更有高二三十米、胸径一两米的大树杜鹃。我前后历经21年，带着帐篷和马帮，才在高黎贡山无人区瞻仰到了它的尊容，《寻找大树杜鹃王》才能展示出生命的壮美、祖国的美丽和植物学家崇高的民族精神。《雨中探蘑菇世界》《野驴仪仗队》等，无不是这样才写出的。

引领读者认识自然之美，培养爱国主义精神应是具象的、生动活泼的，而不是空泛的。大自然文学把新鲜、奇异的种子，散发着清新空气的生命种进读者的心里，如《夜探红树林》中的"胎生植物"秋茄，长纺锤形的种子结在树上，直到生出了两片绿芽，母树才将它娩出，种子利用长纺锤形的结构，自由落体后稳稳当当地插入了滩涂，完成了栽植，俨然已是树苗。而这正是植物为了从陆地走向大海，适应潮间带风浪的环境，经过千万年的进化而成就的生命辉煌。这是海边，而雪山冰川下的"胎生植物"珠兰蓼却是另有妙招。再如《象脚杉木王》中记叙了我们在贵州习水看到的中国现存最大的"杉木王"。林学家说胸径达到1米的，就应称之为"树王"。这里最伟岸的象脚杉木王，据近年的测定，胸径有2.38米，树高44.8米，冠幅为22.6米。那天我们6个人手牵手还未能环抱。树王是我们今天唯一能看到生长了百年甚至几千年至今依然鲜活的生命！最为震撼心灵的还有我们在古庙、古迹中看到的唐柏、宋柏，大多都是苍劲虬结，充满了岁月的沧桑，这些巨柏身躯如红玛瑙般闪光流彩，鼓突的树根圆润发亮。永葆青春是美，饱经沧桑不是美吗？生命就是如此壮美！

其次，大自然文学是热爱生命的文学。眼下常有人忧虑对孩子们缺少了生命教育。地球之美在哪里？为什么只有地球才是人类唯一的家园？因为它有多姿多彩、丰富繁荣的生命！生命最为宝贵和神奇，也只有生命才能创造出如此美丽的世界！

大自然不仅为人类提供了一切生存发展的物质条件，还是人们精神家园的根基。人们总在自然中寻找大自然的抚慰，寻找心灵的风景，以构建自己的精神家园。否则，人们为什么要走进自然，不远千里、万里去旅游。

再次，大自然文学在培育、树立生态道德方面起着无可替代的作用。法律和道德是一切文明的支柱。

生态文明的建设，需要生态法律和生态道德的支撑。几千年来，人们已制定了多种调节人与人、人与社会关系的法律和道德，但却没有制定、规范人与自然之间相处时应遵守的行为准则。当人们认识到正是缺失了生态法律和生态道德，才导致了人与自然矛盾的激化，生态危机的突现，因而开始重视生态法律的制定。生态法律的制定需要不断完善，生态道德的树立仍然难以得到较为科学和完整

的规范。其原因之一是：我们在"大自然属于人类"的误区中走得
太久；原因之二是：相比较而言，生态道德的树立比之于生态法律
的制定，有着更艰难的一面。法律是国家制定的强制执行的行为准
则。道德却是一个人的品质、修养、自觉的行为，需要终生的努力，
需要几代人，甚至几十代人的努力，才能形成的崇高风尚。这更加
说明需要生态文化的长期熏陶，而大自然文学正是生态文化的重要
组成部分。

　　生态道德即是人与自然相处中应遵守的规范行为，以化解人与
自然的矛盾。其实质是热爱生命、尊重生命、热爱自然、保护自然——
保护我们的物质家园和精神家园。而这正是大自然文学的主旨，是
文学的社会功能，是时代赋予书写自然文学的任务。

　　最后，大自然是知识之源。人类是在认识自然、探索自然的奥
秘中总结了知和识，发展了智慧，上升为科学。科学的发达又引导、
促进着人类的发展，无论是从物质的层面和精神的层面都是如此。
但正因为科学技术的飞速发展，特别是钢筋水泥切断了很多人与自
然相连的血脉之后，人们常常忽略了大自然是知识之源这个最基本
的事实。

　　2011年，我在西沙群岛第一次有机会仔细观察鹦鹉螺，那是在
永兴岛上的南海海洋博物馆的展架上。它是四大名螺之首，它那如
鹦鹉鸟一般的奇特造型，白色螺壳上橙色的火焰花纹，闪耀着诱人
的魅力。来到深航岛的一个傍晚，战士小高领我们到岛的北边去看
对面的晋卿岛。走在退潮后露出的大片礁盘上，意外地拾到了一只
鹦鹉螺，虽然壳已被风浪破损，但仍可清晰地看到壳内螺旋迂回，
形成一个个隔舱，舱之间有带相串连……我们惊喜得屏声息气。

数年前读到的一篇短文说，世界上没有几位海洋生物学家见到过活体的鹦鹉螺，因为它生活在 100 米深的海底，只在夜间才浮上来觅食。原来它要上浮时，会制造气体充盈隔舱；下潜时却排除空气，吸入海水。这种生存技巧激发了仿生学家的灵感，制造了潜水艇。于是，世界上无论是用电池作为动力的或是用核能作为动力的第一艘潜艇，都是用鹦鹉螺号来命名，以纪念它的功绩。

还有一说，鹦鹉螺可能是天体演变的忠实记录者。每当月色姣好的特殊时光，鹦鹉螺会与月相约，群集海面，"相看两不厌"，据说它记录了月球与地球的相对位置。真的如此玄妙？天文学家揭开了其中的奥妙：鹦鹉螺壳虽漂亮，但不光滑，而是布满细细的波状纹（在深航岛捡到的螺壳看得较清楚）——波状纹就是它的年轮，每天长一条，每月长一隔，这种"波状生长线"的条数即是每月的天数。据化石考古：鹦鹉螺在距今 4 亿多年的古生代奥陶纪，每隔的纹数只有 9 条。到了距今 3.5 亿年的古生代石炭纪，每隔的纹数已有了 15 条。在距今 1.95 亿年的中生代侏罗纪，每隔的纹数是 18 条。在距今 1.37 亿年的中生代白垩纪，每隔的纹数增为 22 条。在距今 4000 万年的新生代渐新世，每隔的纹数已达 26 条。也即是说在 4 亿多年之前，那时每月只有 9 天，随着斗转星移，每月却达到了 15 天、18 天、22 天、26 天。现今，我国的农历每月是 29 天多——大月 30 天，小月 29 天。由此天文学家得出结论：月球仍是围绕地球运转，但离地球愈来愈远了。这证实了宇宙至今依然在膨胀。

鹦鹉螺居然蕴涵着这么多的科学知识和智慧！

即使是当今被认为科学三大尖端课题的生命起源、天体演变、物质结构这些深奥的科学，有哪一项不是隐藏在大自然的无限玄机之中呢？鹦鹉螺不就记载着天体演变的信息吗？

事实证明：我们每天看到的大自然，竟蕴涵了如此多的科学知识，需要我们去探索、认识，千万别漫不经心地忽略！

大自然文学的首要任务是引领孩子们认识山川河流、花鸟鱼虫，从发现生命形态的千变万化、构造的无穷奥妙、大自然的丰富多彩开始，进而感悟到生命的伟大，热爱生命，尊重生命，热爱自然，保护自然，从而认识到必须严格遵守在自然中的规范行为——培养并树立生态道德的紧迫和重要，因为生态道德是维系人与自然血脉相连的纽带。只有人们以生态道德修身济国，人与自然的和谐之花才会遍地开放。

目 录

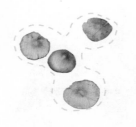

金丝燕，你在哪里

我曾得到过这样的规劝：不要写金丝燕！

继而得到严正的警告：不要去探索金丝燕的栖息地，绝不能说出金丝燕在哪里！否则……

我惶恐了。

也许这更能激起我强烈地思念：

它那——

金灿灿的胸羽——海霞；

辉蓝辉蓝的背——怒云。

振翅一掠，直冲霄汉如闪似电的矫健身姿！

它是大海的精灵，暴风雨的骄子！

它用青春的精华，创造哺育生命的摇篮——燕窝，是稀世珍品。

这样美好的形象，为什么不可描绘？

然而，对我作出规劝和警告的，却正是金丝燕的发现者……

还是孩子的时候，我就听说过在湍急的海流中驾着一叶小舟，从悬崖上撷取燕窝的惊险故事。这是一位见闻异常广博的长辈说的。不知银髯飘拂的他，为何要对一个乳臭未干的孩子说这样的天外奇谈。

前几年和动物学家们在野外考察时，我曾在黄山的天都峰、四川的雪山下，见到过白腰雨燕。专家们教会我怎样识别它的飞翔姿势，又可以通过它的游踪推测出山的高度，判断附近是否将有大崖。它们生活在高山地区，栖息在悬崖峭壁之上。当我问起"燕窝"时，回答是：白腰雨燕当然筑巢。雨燕科的鸟都造巢，但这种"燕窝"中，只有少数能作药用。被誉为山珍海味的燕窝——是金丝燕的杰作，它们也是雨燕科，自成一属。

金丝燕又在哪里？

专家们沉默了，后来才说：据零零碎碎的文献和不确切的传说，云南、福建、四川、广东……出产燕窝，但云南、四川不滨海，有雨燕的分布，却不太可能有金丝燕的踪迹。广东、福建存在着较大的可能性，但从未有发现的报道！一句话，我国尚未发现，燕窝一向是从东南亚进口。

我愕然了，对待这样一种珍奇的鸟，怎么会如此漫不经心？他们解释：我国鸟类有一千一百多种，多于世界鸟类种数百分之十四；但我们专门研究鸟类学的科学工作者，还不足二百人！而英国，只有三百多种鸟，研究人员却有一万多人！

我无话可说了。

去年，在大连鸟类保护会议上，突然听说中山大学周教授和助手在广东发现了金丝燕的神秘踪迹，而且采到了燕窝！这真是喜出望外的消息。奇缘还在于：广东正是我几天后即将要去的地方。

今年一月的广州，气候异常，滂沱大雨使明媚的春光有些变色，似是烟花三月的江南。我们在中山大学的校园拜访到了邓巨燮老师，他是周教授的助手。动物学者谈金丝燕时，有他的出发点。

在动物区系上，广东属华南区，有着丰富的热带、亚热带的动物、植物资源，近年还发现了大熊猫的化石。然而，由于滥砍滥伐，野生珍稀动物的数量已急剧减少，生态平衡遭到了严重的破坏，保护濒临灭绝的动物成了十万火急

金丝燕：雨燕科金丝燕属鸟类的统称。

体形轻捷，雌雄相似。上体羽色呈褐至黑色且带金丝光泽，下体呈灰白或纯白色。有回声定位能力，能在全黑的洞穴中任意疾飞。嘴里能分泌出一种富有黏性的唾液，把筑巢的材料（如藻类、苔藓、水草等）黏结在一起。

的任务。

作为动物资源，金丝燕有特殊的地位。周教授一直想找到它的踪迹，解开历史上遗留的谜团。根据金丝燕的生态特点——喜欢栖息在狂风激浪拍击的海岛，将寻找重点放在海岛上，尤其是和东南亚燕窝产地有相似地理特点的海南岛。华南区海南岛亚区的特点是带有热带色彩，动物种类多，个体数量不多；与其他动物区系比较起来，个体偏小，羽毛、体色鲜艳。有豹，却无虎，因而有人根据这点说海南岛与大陆的绝断是在虎的出现之前，虽然未必科学，也可算一家之言吧！

这样一个独特的动物区系，当然是动物学家们注目的对象。周教授在三十多年前到海南岛考察时，丰富奇异的动物，给他留下了难忘的印象，仅鸟类就有四五百种之多。但到了 20 世纪 70 年代后期，大片热带森林被破坏，再加上人们愚蠢地捕杀鸟类，致使鸟类数量锐减。珍贵的孔雀雉、原鸡已很难见到了。寻觅金丝燕，在经历了三十多年后，希望更加渺茫。

1980 年，他意外地得知海岛某处有金丝燕。这真是柳暗花明！周教授和助手邓巨燮风驰般地赶到了东海岸。消息被证实了，而且这里的渔民有采摘燕窝的历史。那是在面临太平洋的仅仅一平方公里的小岛上，且金丝燕的数量又极少。这大约也就是长久不被外人所知的原因了。

　　然而好事多磨，他们匆匆赶来的时候，已过了采摘燕窝的季节。但动物学中的发现，其科学的依据却是标本。经过一再地努力，他们终于寻觅到了小船，乘风破浪到达了小岛，采到了两只标本。经过鉴定后，满怀的希望却又变成了失望，原来是两只白腰雨燕！

　　周教授一行怏怏而归，数着日子等待来年清明——那是渔民们采摘头期燕窝的时候。

　　1981年4月，邓巨燮和关贯勋又风尘仆仆地赶到海边。

　　小船任凭风浪的摔打，顽强地前进。到了小岛，他们的心却一下悬了起来：巨石矗立，黑森森地龇牙咧嘴，峥嵘嶙峋，如鬼怪一般。燕群的栖息地所在的悬崖，更是一劈两半。高达一百多米的狭窄缝隙中，浪涌谷应，雷鸣震耳，如千头巨鲸滚动，搅得海涛卷雪似的，溅得水雾漫天。稍一不慎，船将会被摔到石上，砸得粉碎……别无他处可以停泊上岛，更无一线曲径通到那几乎立在海上、悬在空中的崖顶。

　　燕，矫健的金丝燕就在头顶飞掠，纵横上下，穿云破雾，简直是一首难以描摹的生命的旋律！

　　决定只有一个：弃船下海，游到只有三米来宽的石峡中。

　　他们从海上运来了竹子。一边两根，用藤扎起横档，将竹根落到石壁上凿出的石穴，竖起——这和建筑上的脚手架很相似，但却比那简陋万分，也危险万分，是悬在空中的一架软梯啊！人爬到上面，它就颤颤巍巍地晃个不停，头上是蓝天白云，身边是水雾迷蒙，脚下是深渊激浪，更有隆隆的涛声不绝于耳……

攀登，是如此艰难，又充满危险！

他们终归还是上去了。燕群立即惊飞呼叫，黑压压一片。未来得及高兴，崖上一条如坑道般的石缝又堵在眼前。只有爬过去，才能到达燕群栖息的洞口。谁知从锋利的石棱上爬过去后，那个洞口却小得只能容下一个瘦子往里钻。没想到在科学研究中，瘦子也可发挥优势！

洞中暗无天日，点起火把，满壁顿时闪起莹亮莹亮的点点。这就是燕窝！小巧得如耳一般贴在石壁上，透明晶莹得玉琢似的，无一丝杂质，轻得只有一二钱重。

然而，这一二钱重的小窝，却是金丝燕用自己的唾液一口口、一天天地汇聚积累起来的。据渔民说，它采集的是九霄之精英，日月之甘露（科学家已研究出，人的唾液中也含有丰富的营养）。这不是金丝燕的居室，而是幼小生命的摇篮。它们要在这里产卵、孵化、哺育雏燕，直至新的生命在海天展翅——有的窝中正躺着奇形的燕蛋：它是两头钝圆的长形。

标本采到了：它的个体略小于家燕，背和胸羽都有如绸缎般柔软而闪光的金丝状羽毛，腰上似有一缕灰带，翼尖而长，嘴短而扁宽，下跖短。飞翔时，潇洒而优美，稍一扇翅即如闪电划过，瞬息无踪——这就是渔民传说它上天觅食云雾的原因。其实，它是在捕捉飞行在高空中的昆虫，这已由解剖后的胃容物证实——经鉴定，这确实是动物学家们寻找了多年的金丝燕中的一种，是在我国土地上生活繁衍的金丝燕！

喜悦，就像石峡下的涌浪，在他们心里翻腾。但是，对栖息地的考察，又使他们愁容满面，心上压了一块大石。

小岛上原有金丝燕栖息地三处，其中一处被海上惊雷劈毁，崖崩燕去！

燕窝已成附近渔业大队的一项私有财富，各队轮流采摘一年，就像无休止的残酷掠夺。清明前的一窝，是质量最高的燕窝。那时，有的雏燕已经破壳而出。它们幼稚得不知厄运临头，听到响动就张开红红的嘴，急切地吱吱呼叫，等待亲鸟哺食。但待哺的嗷嗷声阻止不了占有欲的残暴，顷刻之间，洞中已一片狼藉。

他们毁蛋弃雏取走燕窝之后，金丝燕在一片悲鸣声中，又连忙顽强地再筑新窝。经历无限艰辛，一个多月后，生命的摇篮又在洞壁上架起。

正当可以产卵哺雏时，摘燕窝的人又来了，再重复一次毁蛋弃雏的勾当，这次燕窝的质量已大不如前了。唾液混合着羽毛和海藻，毫无抵抗能力的弱小的金丝燕悲鸣着呼喊着，大海也为之失色。

　　繁殖季节是短暂的，眼看就要过去，小小的精灵们只得强打精神，呕心沥血地奋斗，再筑新巢。超强度的疲劳使得金丝燕的唾液腺破裂，和着点点滴滴的鲜血又筑起了生命的摇篮，呼唤新生命的诞生……以至于第三次去采摘燕窝的人，颤抖着不忍心下手，但人性的贪婪依然导致着残杀。

　　年复一年的不幸，逼得金丝燕只好远走他乡。它离弃了残忍又愚蠢的人们。

　　三个群体的金丝燕，只剩下了现存的这一处。旺年一次可采五十多只燕窝。以此推断，这个群体也只存留百余只金丝燕了！

　　研究开发、利用动物资源，是科学；杀鸡取卵，对金丝燕如此毁蛋弃雏取窝，却是愚蠢，甚至是罪恶。两者之间，有天壤之别。

　　身材中等的邓巨燮，看样子快有五十岁了，谢了顶的额头宽大光亮，操着一口广东"普通话"，热情而直率，几乎是有问必答。但当他似乎明白了我并非是仅仅出于好奇之后，眼中锐利的目光射定我，不管我怎样窘促，只是紧紧地盯着：

　　"我国已发现的金丝燕仅仅只剩下这一群一百多只，而且还是那样危难，如不采取坚决措施，不久后它们也要远走高飞或衰老后自然死亡，总之结果都一样。你不能再

　　金丝燕品种众多，主要包括褐腰金丝燕、灰腰金丝燕、爪哇金丝燕、方尾金丝燕、短嘴金丝燕、白腰金丝燕、小白腰金丝燕、白喉针尾金丝燕、白腹金丝燕、小白腹金丝燕、戈氏金丝燕等

去写它们了！有些人对攫取财富有特异功能，他们会蜂拥而去，金丝燕会被打光的！"

当时，我一定像根木头似的戳在那里，忍受着他目光的扫射，然而心里却像是打翻了五味瓶。

金丝燕创造稀世珍品的美德，为什么却为它带来了厄运？

是广东省负责自然保护工作的姚炼同志和卢柏威工程师的谈话使我从木然中解脱出来。他们正在商量准备"买"下那个小岛以及燕窝，建立自然保护区。

我总算得到了一点安慰。到了海南岛后，竟又渐渐经不住一睹金丝燕雄姿的诱惑。正当这种诱惑愈来愈强烈时，我到达了尖峰岭热带森林研究所的试验站，参观了那里从世界各地引种来的热带林木。

标本园简直是个林木的"联合国"，毫不夸张地说，也是一座迷宫！连最有成就的植物分类专家，也难以见到植物就能说出名字。植物种类太丰富了。

然而主人却为来客照亮迷宫——每株奇异的树下都立着雪白的石牌，极清楚而简洁地介绍了它的学名、产地、价值，为参观者省去了不少时间。大开眼界的我们一个个都兴高采烈地称赞标本园的工作，尤其赞赏它的说明标牌——这需要花费科研人员的多少心血啊！

没想到标本园的王主任却说："我们正想把说明牌去掉，

过去没有时，很多珍贵的种子、果实都保留了下来。但现在有了说明，从中知道了哪种美味可口，有的人竟明目张胆地强偷硬抢来了，我们是要搞引种试验的，没有了种子，还怎么工作……"

我们一个个都瞠目结舌，半天也回不过神来。

还敢再去那个小岛吗？为了金丝燕，我倒希望那里的海边突然长起万仞高山，以隔绝人迹。

在历尽旅途的艰辛，到达海岛东线的海边，我只敢隔海相望，而且是默默地、绝不向他人吐露半字——在心里祈祷着，希冀一见金丝燕剪风掠云的矫健。可是，只看到在茫茫水天中隐隐约约的小岛……

金丝燕，你在哪里？

雨中探蘑菇世界

小鸟闯入躲雨

我今天要赶到伪子帽野外考察营地——那里有一片奇妙的世界在召唤我。

已是下午三点多了。云，怪怪的，很浓，但灰白，一个劲儿地从高空往下压。山失去险峻，天地之间突然变窄，一丝风也没有，沉闷得让人喘不过气来。石头像水洗一般，癞蛤蟆直往营地蹦，只有雨燕在灰色的空中飞掠纵横。

队员们都来劝我放弃去伪子帽的行程。我却只管收拾简单的行装，将两件换洗衣服、笔记本和手电筒用塑料纸包好塞进爬山包。附近的生产队长也赶来报警说将有大雨，还说我今天要经过的是五步龙、金环蛇、银环蛇、熊、豹子经常出没的地区；再说仅仅是这三四十里的山路也不是要的，独自一人在这荒僻的千层大山中，如果迷了路，谁也找不到。

在大自然探险中很多机缘都是可遇而不可求的，而我酷爱在天地间闯荡。

这次黄山西侧的考察，因为面积大，又是无人区，只得建立三个鼎立的野外营地。伪子帽地处东南方向。

我微笑着，向这边营地的同伴挥挥手，就踏上了山间的小道。

离开营地未走多远，雨就突然降落，击打得森林噼啪响。太突然了！没有雷的轰鸣作为前奏，看不到耀眼的闪电的光彩，也没有风的呼啸助威，空气像是凝固住了。翻江倒海的雨、无边无际的雨，只管劈头盖脸地倾注，狂暴得睁不开眼，激打得心灵的深处震颤着。

在暴雨中沐浴的向往太久、太强烈，没有深究它拨动的是心灵深处的哪根弦，只管尽情地享受着大自然的赐予，解开衣扣，敞开胸怀，与森林、山岩同伍，任如注的狂雨扑打着我。

已记不清在雨中走了多长时间。雨还是紧紧地下着，飞泉四溅，水流横溢。听不到雷的轰鸣，看不到耀眼的闪电，没有风的呼啸。森林、山岩也像是被击打得麻木，没有一丝声息。若是晴朗的天气在山里行走，各种兽迹会含蓄地显示它们在干什么，鸟的鸣叫会告诉你森林中发生的故事。然而在这漫天的大雨中，我眼前的世界很小，只感到被无边的水浸泡，像是回到故乡，在巢湖水中浮沉……

"砰！"

一块大石从山上滚下，砸得前面泥水四溅——我猛然惊醒，好像直到这时，意识才回到现实，才想起在这样滂沱大雨中赶路须防备山崖的崩塌。刚听到隐约的碎石滑动的瑟瑟声，我像兔子那样往前狂奔。只听身后一声巨响，乱石飞蹿……

回头一看，来路已堆起石丘。惊得我大张着嘴，半天也没回过神来。

走到自认安全的地区，背倚着巨崖，使劲捏了捏耳垂。直到确信已离开那魔幻一样的世界，才细究起雨来时心灵深处为何被触动。

这场豪雨很独特，很有个性。儿时，外婆就说这叫"闷雨"。她常说雨龙王脾气怪，行雨时特别无常。有时乌云满天，雷声隆隆，吵了半天、叫了半天，一阵狂风吹来，没落半点雨星，它就悠然而去。有时，也下那么两三点，像是小猫尿尿，应应景就走了。有的雨说来就来，说去就去。有的雨黄风黑暴、电闪雷鸣、倾盆而下，不多时就过去了。有的雨能下个十天半月，细细的、毛毛的、飘飘的……最可怕的就是"闷雨"，它像一只不叫一声就扑上来咬人的恶狗，它来得突然，没有雷鸣的前奏，没有狂风的挟持，毫不动声色，毫无节奏，只是一个劲儿地下，感觉不到开头，更不知道它的终点……

三十多年前夏季的一天，我们的村子就是在一场"闷雨"中被淹没的。事前没有一点防备，直到土墙砰砰倒塌，人们才从睡梦中惊醒。

我觉得今天的行程可能很不轻松，应该做一些必要的准备。重点是不能被这种"闷雨"蛊惑，保持清醒的头脑；再是不要迷路。在决定去伪子帽营地前，我对一路的地物、地形已做了较详细的调查，在脑子里已绘制了一幅图。虽说这千层大山中渺无人烟，但每年都有进去采药、打猎、采香菇等讨生活的人。我现在走的就是他们每年进山的路。但我担心这场劈头盖脸的豪雨，使前途发生可怕的变化。

无险，我会如此珍惜这个机会？

在险峻的道路上，只有迂回，没有退路。

一只小鸟急匆匆飞来，一头钻入我的怀抱，紧贴我的皮肉。这是只灰头鸦雀，全身湿透，浑身发抖，可怜的家伙被淋坏了。它嘹亮婉转的鸣叫，在森林中特别动人。我赶紧扣上衣扣，收留它做伴。

前方传来隆隆的闷雷般响声。我用左手搭篷，右手使劲抹了抹满脸的雨水，这才看清：一道银色的水瀑正从山崖高处冲下，异常壮观。但正堵在路口，水瀑巨大，若是冲过去，肯定要被砸倒。我想绕过去，山崖太陡，雨中的青苔特别滑溜，爬了几次都未成功。

我感到有些累，费了九牛二虎之力，利用了一切的技巧才点着了香烟。然而只抽了两口，就被雨水淋透了。但就在这短暂的时间中，我发现瀑布的弧线像是有些规律：水势大时，它和山崖之间有一空隙，只要能掌握好机遇是可以冲过去的。反之，不说粉身碎骨，若是能留下一条小命，那也会遍体鳞伤。可在这时，在这地方，谁会来救护？结果都是一样。我看了一下手表，时间已快到六点了。夏日长，七点多断亮，以我在雨中的行程计算，似乎应走了一半。天黑后的山路更难走，这样的天气里，手电筒究竟能不能正常工作，我很怀疑。

我必须冲过去。

再次仔细、耐心地观察着飞瀑。突然，运用所有积蓄的力量，如箭一般射出——吧嗒一声，摔趴在地。胸口有

灰头鸦雀：小型鸟类。
体长16-18厘米。
嘴短而粗厚，橙黄色，似鹦鹉嘴。头顶至枕灰色，前额黑色，有一条长而宽阔的黑色眉纹从黑色的额部伸出沿眼上向后一直延伸到颈侧，极为醒目，眼后耳羽和颈侧亦为灰色。上体包括两翅和尾表面概为棕褐色，颊和下体白色，喉中部黑色。
主要栖息于海拔1800米以下的山地常绿落叶林、次生林、竹林和林缘灌丛中。

个活物在扑腾，是的，是那只灰头鸦雀唤醒了我。但全身木木的，感觉不到腿、手在何处……终于，我再次听到了飞瀑的隆隆冲击声，知觉慢慢地在全身恢复……

是的，我冲过来了，那股力气一定超常地大，一个小石坎就把我绊倒了。不平的路面，使我的两腿、上肩鲜血淋漓。所幸小鸟平安无事，还应感谢它的躁动唤醒了我。我无心包扎伤口，也无法包扎，雨水腌得很疼，这倒使我不用再时时去揪耳垂，挣脱魔幻世界的诱惑。

我渴望着能抽支烟，稍稍小憩一下。

左前方有个半穹隆的石洞，挪步往那边走。一只湿淋淋的黄麂正在半壁石洞中，睁着惊恐的眼盯着我。它是鹿科动物，非常机警，平时若想一睹它的芳容，还真得费点脑子去埋伏。现在它对雨的畏惧超过了对我的害怕，同是躲雨，何必赶它？它居然抖抖瑟瑟地往边上挪了挪，才使我也挨了进去。顺手在它身上摸摸，感谢它的友好。

刚抽了两口烟，在胸口的小鸟跳出来了，对着黄麂竟轻轻叫了两声，感动得我眼角溢出了泪水。是的，它们相互的感应网络迅速接通了。特殊境况中我们三者特殊的聚会，很难令人相信。

伤口的血止住了，我感到力量又在血液中鼓胀。我走出了石洞，想将小鸟留下和黄麂做伴，可它仍旧紧紧偎在我的胸口。雨天很凉，我打了两个喷嚏。

17

爬上陡坡，前面的山冈上冒出了无数的水柱。整片冈坡俨如一块巨石，没有一棵树，没有一棵草，满目水柱如喷泉林立。雨的击打、水的流动构成无比磅礴的音响，这应是世界上最自然的、最雄壮的天籁喷泉，激得我放声大叫：

"啊！啊啊啊……啊……"

山谷响起了回应。

真的是石底蕴含巨大的喷发力？是地下水位猛然增高增压形成这奇特的景象？照采菇人说的，这应是寸草不生的平缓的火石冈。它没有喷泉，这是我应该转向另一山谷的重要标志。

难道是我摔了一跤后迷失了方向？这可是大麻烦。我一般不会犯这样的错误。在深山里跋涉，看似无路，其实还是有规律可循的。无论是采菇人或是采药人，他们在识别方向和路途时，总是记住山谷或水流的走向；而山谷和河流又总是相依相偎的。其实，只要记住由这一山谷转向另一山谷的地形、地物特征，再加上稍有经验，一般说来不会出大的差错。当地的山民称山谷为岔。我在从野猪岔往金竹岔转时，没有错。一路走来，采菇人所说的金竹岔的种种，我都见到了，怎么会突然……

心情顿时一转，快步走上石冈。水柱下没有石眼。几处一考察，再纵观整个山冈，心里更奇怪了：整个山冈由东南向西北倾斜，大约有30度的角，乍看石面平整。狂雨泻落，水漫坡而下，形成不了瀑布或巨大的水流。石面虽然平整，但毕竟天然生成，于是就有了很多的石棱；水从高处往下流淌，速度逐渐加快，遇有石棱，即刻激起水柱。越是山冈下，水柱愈多，愈高。大自然就是这样创造了这片如喷泉一般的水柱林！天然水柱林正好和石冈的倾斜度垂直，形成了奇妙的景象。这一发现使我心花怒放：是的，只有在这样狂暴的雨中，也只有在这片大石冈上，才能欣赏到大自然如此神奇的造化！当然，还有很重要的一点，证实了我走的路线是正确的。

　　不知不觉中已走到冈头，正准备下冈，穿过一片森林，

在森林中采蘑菇，充满了诗意的发现和惊喜

往金竹岔的一条小山谷转去，有种光彩闪耀了一下。视线向那边转去，却又没有发现什么。雨太大了，以为是花了眼，转头欲走时，又有光彩闪了一下。我揣摩了光耀的角度仔细搜寻，果然，在冈下一片草丛中，有四五朵灿黄的花怒放——形状很奇特。虽然很疲惫，伤口像火一样地燎，我还是不愿放弃这个机会。

冈下的坡较陡，调整了小鸟在胸前的位置，谨慎地往下挪步。

终于到达那片草丛，眼前的景象使我手足无措：那花的颜色鲜黄鲜黄的，晶莹灿烂。但它显然不是花，像一张正抛向空中半圆形的罩网，那网如钩针钩织似的，网眼匀称；有一肉质柄将它顶起，俨如一把金黄网伞。基本上判断它属蘑菇家族的……

惊魂锁脚弓

发现带来了无穷的喜悦。今天不顾一切冒着如此大雨赶往伪子帽营地，就是蘑菇世界的召唤。我去考察队总部找研究真菌的老马，听说他在那边采到了丰富的菇种。记得在新疆石河子附近的沙漠中，我曾在一沙窝中看到一丛蘑菇，白白嫩嫩的在漫天黄沙中如一泓清泉般明亮。事后说起，新疆的朋友直埋怨我为什么没有采摘，还振振有词念了当地谚语："沙底蘑菇味鲜香，神仙闻了也跳墙。"古典诗词中也不乏赞美蘑菇的篇章。后来，我在北疆的森林中又看到了如鸭蛋般卧在绿草中的马勃菇，那鲜嫩的香美，久久留在唇间。这算是一点因果吧。

蘑菇经常在神话和童话中扮演角色，它有着种种的奇妙，我在一则消息中还读到日本郡马县有个蘑菇公园。公园根据园艺家的设计，培育出形状各异、色彩缤纷的各种蘑菇，供游客饮用的是蘑菇精，吃的是各种美味蘑菇。

这个蘑菇世界引起了我的好奇和向往。鲜黄菇的出现像是有意在召我、撩我，或许正是酬劳我的辛苦，预示着这个美妙、奇特的世界正在等待着我。

可是，我对蘑菇世界了解得太少，这个世界和大自然的每个世界都一样：既有美味、悦目的，也有剧毒致命的。"拼死吃河豚"，足见人们在美味和生死中的选择，可见美味无穷的诱惑力。食客们面对蘑菇，也有相同的说法。南美的殖民者曾专设尝试蘑菇的黑奴，用这种残酷的办法来满足饕餮之欲。眼前这种如黄金伞网的菇，是剧毒还是美味？曾有人警告过我，对色泽妖艳的蘑菇要特别当心，这句话很富有哲理。可是在这倾盆大雨中，怎样才能将它采摘而又避免用手接触？时间和条件以及标本在考察中的重要意义，都不允许我再踌躇。既然可以"拼死吃河豚"，我又有何惧？想到此处，我迅速采了三个蘑菇，仔细地放到爬山包中。还留下几个，留给老马来采。走了很长的一段路，手指并没有异样。

一群飞鸟穿过雨帘，翅膀扇动的呼呼声，浓淡不一的雨云，使它们缥缈而神奇。小鸟寻林住宿，时间应是傍晚的七点左右。我戴的手表已经罢工停摆。

我一直是沿着河谷边走的，现在进入了森林，景象陡然变化：林木多为阔叶树种。天色更为昏暗，雨声诡秘，藤科植物扭转攀缘，构成奇异的图案。我刚意识到要小心，就感到脖子上异样，手一摸，乖乖，三四条山蚂蟥！这些家伙令我胆战心惊。我尝过它们的厉害：它们几乎是无孔不入，任人把裤脚、袖口扎得再紧也无用。它们栖息在草地、树林里，在这样的雨天里，它们最为活跃。很可能是我身上伤口的血腥味，使它们迅速找到了目标。唯一的办法是时时提防，迅速穿过这片森林。

林中的小路实际上只是一条影子，亚热带森林中的各种植物，早已争夺了淘山人开出的路。越往深处走，大树上的树舌越是多，大多是黑红色的，它们也是蘑菇世界的成员，但我只能放弃。

不久，满树银花诱得我停下脚步。这是一棵倾斜的大树，一朵一朵晶亮亮、莹闪闪、花蕊为黄色的肉质花，开在布满绿苔的树干上，美丽极了。这个我认得，是珍贵的银耳。

不远处，繁星般的金色的晶亮亮的花团，从树缝中长出。

仔细观察，那上面显现出回纹沟。听说有种金耳蘑菇，难道是它？

我没有把握，采了几朵标本匆匆赶路。

路右前方出现了一片倒地的树木，显然是人为采伐的。因为树的倒向基本一致：树梢向山上，树根向山下。谁到这深山伐木又不运走？谜底随着脚步揭开：好一片酱色的蘑菇！这就是我们常吃的美味香菇。雨中的香菇又大又厚，这是被称作香菇客的养菇人种植的。树干上被砍了很多横向的沟，隔一段砍一节，树沟约两指宽，那些香菇就是从这些树沟中长出的。

突然，我感到右脚踏下去有些异样，有种什么东西响动和滑落。心中一惊，触动了记忆中的沉积，我动也不敢动了。右脚更是不敢有丝毫的颤抖，下决心将它凝固在那个位置上。眼睛连忙搜索，什么也没有发现，但我还是耐心地，一棵草、一棵小树地搜索，终于，发现了一棵小树下有些异样，连忙抽出了猎刀。因为不敢挪动右脚，这使我非常为难，弯不下腰。努力了几次，才终于找到了一根绳索，我确信这是锁脚弓的机关。

曾听说过养菇人头年进山砍树、放种，第二年上山收获。因为这种营生太艰难困苦，所以香菇客总是在菇场的附近设置种种机关，惩罚偷菇者，诸如锁脚弓、吊脚弓之类。碰上者，不是被锁断腿骨，就是被倒吊到树梢上。还有的香菇客将养菇场选在毒蛇、猛兽经常出没的地区。

我虽然不是偷菇贼，可是却让我碰上了。既认出了它，又找到了制动机关的绳索，应该说心里稍稍安定了。困难在于我试图去割断这根绳索时，不能用大劲，力小又割不断，雨水还常常浸得睁不开眼；还有要命的，是那些丑陋的山蚂蟥乘机大肆进攻。我感到最少有四条正从我右腿往上爬。两害当前，我只能取其重了。既然老天要我付出血的代价，也只有顾一头。

稳了稳神后，我想何不快刀斩乱麻？仔细打量了下刀处，然后运足力气猛劲往下一斩。只听哧的一声呼啸，身旁的一棵树猛然弹动。我才松了口气，一下瘫坐到了地下。

过了好半天，我才爬起，赶紧清除吸血鬼。动作迅速的山蚂蟥已吸饱了，滚落到地上。伤口的血如红渠般在腿上流淌，它们在吸血的同时向人体注入一种溶血的物质，使伤口的血要流很长时间。迟来的正紧紧叮在皮肤上，穷凶极恶地吸血，打都打不下来，当然更不能往下拽。想起还带有风油精，几乎把整整一瓶都抹完了，风油精抹到伤口上，疼得我狂跳不止。

找到了锁脚弓，从竹弓的巨大形状看，应该是个狠心人装的。

此时我已经如履薄冰，像过雷区一样提心吊胆。这样的暴雨天，又在水流四溢中，毒蛇出洞的可能性不大，我暗想着，而对付猛兽我有经验。但是每走一步，都得前前后后、左左右右、上上下下察看清楚。我知道，这个菇场装的肯定不止一张锁脚弓，虽然我熟悉猎人用的各种弓，包括其中的窍门，但他们装弓的手法、隐蔽的手法，都是随着猎人心计而异。特别是在一个养菇场，更是有几种手法，使你破了一处却不知另一处在怎样等待着你，也就特别危险！如果锁断了腿骨无法行路，被上不着天、下不着地倒吊，谁来救我？

　　果然，有只小野猪的尸体正散发出恶臭，它的右后腿还被吊在弓上。这也是一种锁脚弓，但它凭借弹力，吊起的是野兽的一条腿，无论是前腿或后腿，只要被吊起，就算是凶猛的野猪，空有浑身的力气也无法使上。野猪和一些小兽对菇场的破坏大，养菇客也专门装一些弓对付它们。

　　正是在这小心翼翼中，发现了一棵树上像是按满了绿色的小图钉。树干也怪怪的，泛着萤火般的蓝莹莹，这也是一种蘑菇。可惜不

银白的蘑菇在墨绿的树干上撑起小伞

知其品种，更不知其脾性。管它呢！采几个标本再说。

不知不觉中，我似乎成了位采集家：如鸡油块那样黄亮的菌；形状如犀牛杯，很像慈菇叶子的菌；表面洁白，背面如风车轮子叶片的伞状菌；有种菌柄上有一凸出的环，表面灰褐色，背面白色，菌盖像是长得太丰满而胀裂……

我不断告诫自己抓紧时间赶路，可是仍然无法摆脱在雨中苏醒、狂妄地生长的蘑菇世界的诱惑。

最令我赞叹不已的是快出林子时，采到了一种长得如南海珊瑚一般的菌。这种菌较大，是很多集结在一起还是原本就是一个整体？黄色的菌柄如一片珊瑚林，长出很多叉枝。

爬山包已装得满满的了，塑料纸被我用猎刀割成小块，用来包裹采集的各种标本。衣服早已湿透，管它哩！只要保住手电筒就行了。

胸口的小鸟非常安静。天色已黑，雨仍然没有一丝懈怠，像是位坚韧不拔、顽强不息的行客。大河在脚下山谷中咆哮，那隆隆的轰响，似是威风锣鼓绵绵不绝。我还不想用手电筒，眼睛也适应了无边的夜色。森林中偶尔现出几点绿莹莹的光点，不知道那是野兽的眼睛还是飘忽的鬼火？

我在儿时就不怕单身走夜路。记忆中有天傍晚，妈妈派我出差：送两条鱼给姨母。姨母住在汪胡村，离我们家也只有两三里地。回程时天已黑了，刚开始我在圩埂上走着确实没有想到怕。过了回龙庵就是一片乱葬岗，心里有点虚。心一虚，听来的各种鬼的故事就在脑中倒腾。真是说鬼就出鬼，前面的坟头上就站了个鬼：细长的脖子，小小的头，在黑夜中一动不动。有关小头鬼找人换头的种种可怕，都涌现在眼前。我全身的汗毛立即竖起，头皮发炸，要命的是它就拦在我必经的路边。回去吧，姨母肯定要笑话我了，她刚才一直要挽留我；不回去，妈妈也会挂念。陡然壮起胆子，从地下拾了块石头就向它砸去，只听扑噜噜声响起，一只鹭鸶从坟头飞起……打那之后，我就从来不怕走夜路。

在黑夜里路是越走越长，走路时愈急路愈长。我不断为自己鼓劲：路线是对的，不能怀疑；疑窦一起，很容易出事。人的一生中能有几次机会在这样狂暴的"闷雨"中行走？能领略和欣赏到大自然的如此造化？有多少人有这样的勇气独自跋涉？虽然我肚中饥火骚动，腿部伤口疼痛，在雨中我还冒着虚汗，但此刻我的心情却无比舒畅。

魔幻世界

我见雨中出现了昏黄的两点光晕，顿时心潮澎湃！那如果不是营地的灯光，就是幻觉的影像。我没有去揪耳垂，自信自己神智无比清醒，但双腿却直打软，像是要瘫倒一

般。不，我还要爬最后的一段山路，才能到达欢声笑语的
世界……

当我拉开营地简陋的柴门，山棚里先是寂静，接着是
惊呼、问候，不知是谁帮我卸下爬山包——一片忙乱。我
的出现太突然了，太意外了！那鸟也神奇地从我胸口飞出，
绕了半个弧线，落到工作台上。它也知道到家了？

大家看到我的狼狈相，赶快找药来帮我包扎。我却大
步向伙房走去，端起面盆里的剩饭就狼吞虎咽起来，顺便
给了站在台子上的小鸟一团饭，引来老吴、小汪他们一阵
哈哈大笑……直到把小半盆剩饭吃完，还意犹未尽，连问
还有什么吃的。小汪说："还有半碗肉，这就去热。"我
却夺过来几口就吃完了。植物学家老吴冲着我直笑，说："你
够格，当考察队员，就要能饿、能胀、能跑路！"

直到这时，我才发现老马不在。老吴说："他这几天
采了很多真菌标本，不知是怕我们乱摸乱搞还是怕把他那
些宝贝生吞活吃了，硬是在上面搭了个山棚，和他的助手
住那边去了。"

那时的条件艰难，尚未配备帐篷。所谓营地，只是就
地取材，树木搭架、茅草盖顶扇墙。

我忙问有多远，老吴说："几百米吧。"

时间已是晚上十点多了，大家都劝我明天再去。可是
我有那么多的收获，有那么多的问题闷在肚里，搅得我不

能安稳。见我执意要去，搞昆虫的小汪也执意送我。

等到我出门时，那只小鸟竟又飞到我的怀里。老吴也被感动了，摇头晃脑说道："你这个大个子，还能普结善缘。"

老马的山棚里搭了个很长的台子，上面摆满了瓶瓶罐罐、各种标本。我急着要问采来的标本，他却要我洗个澡，换一身干衣服。

已洗了五六个小时的淋浴，还用得着再洗？

他也笑了。

我已没有干衣服了。老马和他的助手个子都小，他们的衣服穿在我这一米八的身量上，简直是个滑稽演员。管它哩！反正观众也就他们两个。河谷的急流吼声震天，只得大声说话。

我首先取出的是金黄伞网的，老马小眼睛中立即放光："黄裙竹荪！在哪采的？我们还没见到，是种非常美味的蘑菇，市场上已多年不见了。"

我很得意，也为在采它时生怕有毒而耸了耸肩。他话中有话，忙问："还有别的竹荪？"

"一般人常说的蘑菇

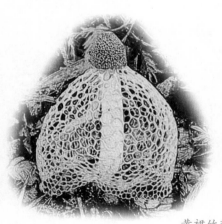

黄裙竹荪

属真菌，它是个很繁荣的大世界。竹荪还有短裙竹荪和红裙竹荪，红裙竹荪是在福建发现的。你没把它采完吧？"

"什么意思？标本不是采来了吗？"

"研究食用蘑菇，重要的是采到真菌的种菌。有了种菌才可以培养发展，才能够进行工业化的生产。"

我又为小聪明得意了："当然给你留着。"

老马放心地笑了。我每掏出一种蘑菇，他就鉴定、报名。

那个如鸡油一般的，就叫鸡油菌；还有种个头小的，是小鸡油菌，味鲜美、有杏仁味，又叫它杏仁菇，长在铺满枯枝落叶的地下。

绿色图钉样的，就叫图钉菌。那树的颜色一定是泛着蓝色，它能分泌一种色素，但这种菌不能吃。还有一种橘黄的，叫橘色蜡钉菌。

"银耳科的。你采到的确实是金耳和银耳，营养价值较高，中医一直用它对体质虚弱的病人进补。"

黄裙竹荪：又名杂色竹荪，网纱菇。
菌盖钟形，有显著的网络状凹穴，橘黄色，内有暗青褐色，黏性孢体，顶端平，中部具穿孔。菌裙柠檬黄色至橘黄色，菌柄近白色或淡橙黄色，海绵状，中空，菌托带淡紫色。
腐生，多生于竹林或阔叶林下，对环境要求较高。

"这种像犀牛杯的，就叫杯伞。"

"它就叫珊瑚菌。你采的只是黄珊瑚菌，还有白珊瑚菌和红珊瑚菌。我曾在大兴安岭的森林中采到过红珊瑚菌。若是培育成盆景，一定新颖、别致。"老马滔滔不绝地说着。

当我拿出表面洁白，背面如风车轮叶片的菌时："鳞柄白毒伞，剧毒！我们还采到了纹缘毒伞。采集地记清楚了？"

我点了点头，嗫嗫嚅嚅说："不是说颜色妖艳的才有毒吗？"

"那只是传说。'望色生义'也是错的。其实，蘑菇是个色彩缤纷的世界，红的有红菇、红乳菇，都可以食用。绿的有铜绿球盖菇，它就不能吃；青头菌也是绿色的，它就能吃。紫色的有紫菇、丝母菌，都可以吃。蓝色的有蓝丝母菌，橙红的有松乳菇……蘑菇世界中，有很大一部分是美味佳肴。但还有很多不可食用的却有着较高的药用价值，包括毒菌。雷丸菌制药后，可作为驱除肠道寄生虫的药物。治消化系统炎症的中药'香云片'，是用彩纹云芝和香菇制的。云芝菌的制剂，是治肝炎的……当然，还有些真菌对森林的破坏也是惊人的。曾经在美国一个城郊的林中，一夜之间像下了场红雪，其实是一种真菌，叫黏菌。

"真菌是个奇妙的世界。你想想看，森林中年复一年枯枝败叶的堆集，二十年、三十年，还不把整个森林淹没了？如果没有一种机制去分解它，去消化它，我们这个地球上还能有森林的存在吗？之所以现在还有着大片的森林，这就是真菌的神奇作用，当然，也有细菌的作用，是它们将枯枝败叶分解，还生出了无数种的蘑菇。这是真正的化腐朽为神奇！它们在大自然的能量循环中究竟起了多大作用？怎样才能使这种能量转化发挥出最大的效应……其中的奥秘，引起了无数科学家为之奋斗！

"我们对这个世界的认识，大多数人只停留在木耳、香菇、银耳、猴头等常见的菌类。其实，像你采到的黄裙竹荪等美味，是很多人听也没听到过的。向人类提供更多的美味蘑菇，就是我这个研究室的基本任务！"

老马将我从童话世界领到了科学的园地。

我们边说边参观他采来的各种蘑菇标本。每个标本旁都注明了时间和地点，看得我眼花缭乱。有种金色的针样的蘑菇旁堆满了玻璃试管，我刚一问，老马就兴奋得小眼珠子直转悠。

"这是金针菇，是我们这次考察采集中的重大收获之一。它对儿童的智力发育有极大的促进作用。我们常说森林是基因库，这次所采集到的丰富的蘑菇类标本，证实了黄山在历史上为我国蘑菇产量的集散地是有其原因的，因为这个基因库非常丰富。真菌也是靠孢子传播，它和蕨类的孢子最根本的区别在于没有叶绿素。大自然能将这种孢子保存很长时间，它和矿产资源一样，需要我们去寻找、开发……"

我对老马和老马的事业刮目相看了！

说到香菇，他说养菇场一定是在阳坡。我很奇怪。他说其实很简单：养菇人先是寻找青岗、麻栎、枫香树较集中的山坡，这些都是养菇的树种。砍倒后，若是在阳坡，树干上砍的是横沟，树根朝山上；若是在阴坡，树干上砍的是直沟，而且是树根朝山下——这就是砍花。先要给树干上的砍花处泼淘米水——这是营养液，然后才接菌种。接菌种有隆重的仪式。养菇人供神，还有香菇庙，供的是明朝开国元勋刘伯温。传说是他在浙江发现了这种美味，推荐给皇帝朱元璋，于是浙江才有了专职肆力采集、种植香菇的事业，以资年年进贡。

老马又将我从科学的园地领入到神话、传说的世界。

老马说：你今天能有丰富的收获，要感谢这场大雨！你忘了雨后采蘑菇？可见其中的因果关系。

这倒是很出乎意外。

我的谈兴正浓，可老马不干了，说已经凌晨两点多了，明天还要抓紧大好时机采蘑菇。

醒来时，雨已经停了。

那只站在台子上的小鸟立即欢快地叫了起来，在山棚里飞了两圈——看它那兴高采烈、迫不及待的样子，好像是等我醒来已等了很长时间。

老马已起来。我问雨是什么时候停的，他说就是刚才。

小鸟急急飞出山棚。我起身走出山棚，云已淡化，山岚在山谷中飘忽。灰头鸦雀飞了两圈，又落到我肩上。

红头穗鹛、画眉欢快地叫着，雨后的森林绿得闪亮。层峦叠嶂的大山，垂挂下无数条银链。

我用手赶着肩头的小鸟：去吧，回到森林中去。可它只是动了动身子，却不飞起。我只好用手将它捧起，往上一抛，它得展翅，刚飞了个小爬高，就又折转回来，在我头顶盘旋。我连连挥手：走吧，走吧，你的同伴在喊你。一串极嘹亮、极优美的鸟鸣声，震得我心头热乎乎的……是的，我确确实实看到那只灰头鸦雀最少回了两次头。

东边的天空已现出红红的云霓。

采蘑菇！老马！我们快去采蘑菇！

── 后 记 ──

我是 1983 年参加牯牛降考察的，1986 年牯牛降晋升为国家级自然保护区。感谢上苍给了我一次极好的机会，之后虽然在大漠、黄河源的草地、热带雨林中都去寻觅过蘑菇世界，但再也没有那豪雨中生命的竞放。

蘑菇圆舞曲

虽然心急火燎，但我仍然不愿放弃朝拜天山主峰托木尔峰。我们多次和天山相伴，未能见到天山主峰至高无上的尊容，无缘见识她蕴藏的神秘的生物世界，这样岂不是说不过去，也太亏了？再说，那里也是雪豹的故乡，说不定还有好运等着哩！回想起来，我们是多么庆幸这个决定啊。

今年，我和李老师从北线去攀登帕米尔高原，在祁连山流连的时间长了，同时又接到去年在塔什库尔干结识的牧民朋友的信，说是已发现了我们最想见的神秘朋友，催促我们尽快赶到帕米尔高原。时间紧迫，原想在库车倾听古龟兹国留传的民歌——那是很多音乐人毕生的向往，可我们只能一晃而过。

托木尔峰自然保护区坐落在阿克苏市辖区内。阿克苏在塔克拉玛干大沙漠的北缘，地处库尔勒、喀什之间，是古丝绸之路上很美的城市。

托木尔峰是天山山脉的最高峰，海拔 7443 米。托木尔峰自然保护区在我国和另外两国的交界处，平均海拔为 4000 米，6000 米以上的高峰有 15 座；东西长 105 千米，南北宽 28 千米，那是九霄中最为壮观的冰雪世界——冰川浩荡、雪峰林立。

保护区来了一位胖向导与我们一同前进。

仙果蟠桃

车到温宿县郊外时，空气中弥漫起浓浓的醉人的果香，诱得司机开不动车了。

8 月，正是南疆瓜果醇香的季节。

好大一片桃园！有几十亩，树上挂满了饱满的蟠桃，个头很大，色泽鲜艳。蟠桃与内地看到的白桃、黄桃、水

托木尔峰自然保护区： 新疆托木尔峰国家级自然保护区。
位于新疆维吾尔自治区阿克苏市温宿县境内，属森林生态系统类型自然保护区。
新疆托木尔峰自然保护区始建于 1980 年 6 月，2003 年晋升为国家级自然保护区。
保护区内受保护的高等植物 382 种，代表性的植物有雪莲花、高山黄芪等；野生动物主要包括陆栖脊椎动物 77 种；昆虫 1000 余种。

蜜桃的形状迥异，它是扁形的，犹如一个盘子，这或许就是称它为"蟠桃"的原因。可它为何要长成盘形呢？

"朋友，到园子来尝尝吧！"正在采桃的果园主人热情邀请。李老师早已到了桃园，我奇怪她总是看着桃子却不下手。她喃喃着："太美了，美得像是艺术品，像假的。看，桃子是金色的，溢满了蜂蜜般的黄澄澄，果蒂的四周还泛着红，真不忍心摘下。"

果园的女主人豪爽地一伸手摘下一个，送给了她："亲口尝了才知道真正的滋味，拣熟的摘！"

果皮很薄，用手撕开，蜜黄的果肉立即溢出蜜珠。

"真比蜜还甜，比蜜还要香！"美誉赞不绝口。

蟠桃进入我的脑海，起始于少年时期读过的《西游记》，蟠桃神奇的长寿作用，孙大圣尝蟠桃的快乐，王母娘娘用蟠桃宴请众仙的盛大场面……总之，蟠桃留给我的是无限神奇。直到见到内地所产的蟠桃，只是感到它的另类。

真的，吃过了蟠桃才揣摩出写《西游记》的施耐痷，为何能将蟠桃写得那样神奇——他大概是吃过从西域来的真正的蟠桃。

在古代神话中，蟠桃是仙桃，它三千年才开花，三千年才结果，寓意长寿；或者这就是送桃祝寿，或又称寿桃的原因。

可是，另一个疑问又冒出来了，无论是电影或京剧《孙悟空大闹天宫》中的蟠桃，都是我们常见的圆形的桃子，是导演失误，还是在神话里凡是桃子都可称作蟠桃？

它还怪在明明是植物，却用了"虫"字旁。其实，"蟠"是一种如蚯蚓的小虫。那么，可否理解为像蟠那样盘曲的桃子？

女主人不断送来桃子。我们大快朵颐，又忍不住说着孙大圣大闹王母娘娘蟠桃会的故事。桃园主人一边乐呵呵地采桃、装箱，一边像老朋友般攀谈。

果园的主人是一对中年夫妇，来自四川的达县，在这里承包了二十亩的果园。春来冬去，跋涉于新疆和四川之间，几年的辛劳终于迎来了今年的丰收，夫妇俩乐得脸上开了花："今年回家能盖新房子了，儿子的学费也不愁了。"

听得我们心里也溢满了幸福感。

向导说：几年前这儿还是荒凉的戈壁滩，那边的核桃林也是的。先是栽种杨树，筑起防风防沙的护林带，之后才能种果树，现在已是万亩果园了。

我们在南疆走了两年，几乎每个县都有自己的特色果园：若羌、且末的大红枣，于阗、皮山的红石榴，伽师的蓝莓，沙车的巴旦杏，库尔勒的香梨……更别说处处都有的甜瓜和葡萄了。

南疆昼夜温差大，为各种水果制造醇香糖分提供了得天独厚的条件，这就是同是梨、桃、枣、杏、石榴，为何新疆产的经常比其他地方产的口感好的根本原因——这是自然优越的生物圈。离开了这个生物圈，它们虽然还叫着香梨呀蟠桃的，但是已经变味了。然而在戈壁上开荒种果树，要比内地艰难得多！

吃饱了付钱时可费了周折，主人说什么也不收。"哪有到果园吃桃子要给钱的规矩？我们这里是不卖桃子的，它早就被果品公司包销了。"还是李老师有办法，把钱放到园边他们住的棚子里了。

离开果园不久，车就向北驶入荒漠，绵延的天山横在蓝天之下，时而远眺托木尔峰，他如一位披着银铠的天神矗立在云霄中，凌踞万山之上，被无数的雪山簇拥着。

雪白、山红、水红

离开了主干线，径直向天山奔去。瓦蓝的天空，雪山银光迸射，淡淡的红光弥漫，黑绿的云杉林下，青葱的草地、星星点点的湖泊，无不洋溢着西部高山的经典美色。

刚进山口，一条赤红的小溪迎面奔来，阳光下是那样的鲜红。胖向导一定是看到我惊喜的神色，得意地说更美的在前面！

一列红色绵延起伏的山峦炫目，其上是林立的雪峰，蓝莹莹的天宇，飘忽的白云——蓝的、银的、红的，色块垒成厚重的壮美无比的雕塑！我们静静地伫立在那里看着，抑制着沸腾的热血。

那年，我们在库车大峡谷，突然进入两旁全是红彤彤的山岩，山岩如城如堡，如楼如阁，如虎如龙，魔幻至极！谁说山体不能是五彩的或红色的、银灰的、褐色的，焕发出神秘的魅力。大自然就是这样创造着美！

"还能是火焰山？"

向导笑了："那是盐矿，正在开采。"

"这里也有红盐？"李老师在青海的囊谦参观过红盐场。

向导说："不是，是盐岩矿，都是白色的，像大石块。你们没看到红山外面有的地蒙了层盐霜，托木尔自然保护区内矿藏丰富。"

后来，我们终于看到了采出的矿盐，块状，如水晶一般闪亮、透光，这就是被世人称奇的"水晶盐"。

赤红的小溪，早已留在身后。爬山了，路也盘旋起来，又有一条小河相迎，可水是灰白的，它应来自冰川，冰川的融水带有石屑、石粉才会使水呈白色。

路虽崎岖，但一弯一重景色，倒也不觉颠簸难耐。

到目的地了，几幢房子立在山崖上。

下了车，我们就急忙做着登山的准备。向导说："用不着这样紧张，走不了多远。"当时，我忽略了这话的含义。

登山的路其实是沿着一条湍急的山溪向上，路很陡，多是巨石。向导一再告诫小心，说："别看山溪不宽，但很深，水流又急，河中都是大石。去年一头小牛犊掉下去，立即被水冲到下面。喏，就是那个弯子处才被大石挡住。救上来后，遍体鳞伤，是石头撞的。"

脚还没有走热，前面却没路了，山溪隐到黑黑的陡峭巨崖之中。向导站住了。

"走呀！"我催促。

"往哪走？"

"托木尔峰呀！"

"托木尔峰？在这里看不到托木尔峰，远着、高着哩！谁也没有登上过托木尔峰，登山队也没登上过，她是处女峰。"

"山脚下也去不了？"

"保护区面积大，地形非常复杂。1977年和1978年中国科学院综合科学考察队来考察，整整一个团的兵力做后勤，也没能登上托木尔峰。她比珠穆朗玛峰还要神秘！"

"那我们到这里……"我也语涩。

"这里是托木尔峰自然保护区的一个管理站。看你们那样急切的心情，到不了托木尔峰，总算是到了它的保护区吧。其实，她只能远眺，无法接近。高贵的人都是这样。"

我的疏忽，现在只有无奈。

　　但既然已经到了保护区，当然要四处走走看看，说不定能窥视到雪豹的蛛丝马迹，又或许有意外的收获。再说，远处一片草场，正在阳光下熠熠生辉。眼下的 8 月，是高山花卉最为艳丽的时刻。

　　向导很不情愿，总是说路太陡险了，猛兽这时都下到海拔低的地方，他要负责我们的安全。

　　他的话无疑是动员令，我们千里迢迢跑到这里，不就是要拜访在这里生活的山野朋友吗？

　　我寻到了一条小路，顺着小路又跳、又蹦、又爬，翻过几块大崖就往上攀去，李老师从来是最忠实的伴侣，紧跟上来。看到向导还站在那里不动，我说："你回去吧，我们一会就回来！"

　　他却紧走了几步来追。

　　一只兔子飞蹿，像是被谁追击。山膀子掠过黑鹰巨大的翅膀，斜刺里冲来。眼看兔子正隐蔽到草丛中，它也只好一抬身子升高了……

　　根本没有路，看来连保护站的人也很少到这边。我们只能在乱石中走走停停，好在有那片绿得耀眼的草地，仿佛在召唤着我。

　　爬到一堵巨崖，刚看到草地就在下方，就有一阵"咯、咯、咯"的叫声传来。

　　我返身抓紧李老师的手，把她拽了上来，又连忙示意向导停在原处。

雄壮的叫声又起，连连响着，像是在呼唤。

"是什么？"

"不会是大家伙？"

妙，四五只小家伙由草丛中跑出，往发出咯咯声音的地方奔去。似是蒲公英的花丛中伸出了一个头来，羽毛的边缘有黑色的纵纹……

"是鸟？"李老师问。

雪鸡所爱

等到我看清了，不禁小声惊呼：

"雪鸡！"

"雪鸡？一级保护动物雪鸡？"

"错不了。注意看！"

小鸡们争先恐后奔到爸爸那边，抢着他嘴边的一个圆圆的、白色的东西，很像个乒乓球。在玩耍？不对，它们连连啄食……奇怪，我猜测是老鸡找到了美味小虫。

雪鸡很美，它比家鸡的体型要圆，背羽棕褐色，羽缘曲线上有花纹点缀，身上大块的白斑像雪莲花绽放。

它是我国特有的珍禽，于是总被偷猎者无情猎杀。这些年愈来愈成了稀有的物种。

在西部走了十多年，我们还是第一次这样近距离地和它相遇……

"喂，出了什么事？"

那声音大得像是炸雷，震得耳底响。

转眼间，老鸡带着它的孩子们窜入了灌木丛，只有枝枝草草的晃动。

恨得我提起脚来就想把胖向导踹下去！

向导正猴急地往崖上爬，可他肚子太大了，总是把自己腆下去……

"你以为你是帕瓦罗蒂——世界顶级的男高音？你把表演的舞台找错了吧？"

"喊了几声，你们都不拉我一把。"他还挺委屈的哩！

不错，我确实感到他在往崖上爬，可有闲工夫去管吗？

一听说是雪鸡，他也悔得连连拍打着脸颊："我也没见过这宝贝呀！可惜，可惜！"

扶着他跳下，我就快步走到雪鸡们刚才出现的地方，眼睛瞅着地面。

"想找它们的窝？妄想，小鸡们都出来了。"

蓝花葱上有它们啄食的残痕，还有珠芽蓼、蒲公英都被啄食过。刨起的泥土中，有个块茎状的植物，嗨！是蕨麻！那年我们在青海玉树那边，朋友们用蕨麻熬粥，称它是地参，说是大补的。嚼起来绵绵的，淀粉中有股甘香的药味。

草地上还有好几种植物我不认识。

"你们是在了解雪鸡的食性？"他主动搭话。

"这是多枝黄芪，那是鹅冠草……它吃的可都是好东西，中医都拿来当药用。要不，它能那样金贵？"他像是恍然大悟："你们想找虫草？"

"扯哪去了？"

李老师有了兴趣："你说的是现在卖几万元一斤的冬虫夏草？"

"对呀！上山挖虫草的人最喜欢先找雪鸡扒拉过的地方，它特爱吃虫草——这也使它的身价飞涨——有特殊功能找到虫草。所以嘛，它扒拉过、刨过的附近，肯定能找到虫草。"

这家伙肚子里也不全是花油（脂肪）。

草地在保护区内，没有羊群、牛群的侵扰，洋溢着天然的、纯朴的、野性的风采。

桃红的、金黄的马先蒿总是喜欢扎堆，形成厚厚的色块，将报春花的淡紫、点地梅的洁白、景天的鲜红、虎耳草的柠檬黄烘托得格外灿烂、辉煌。

蜂的嘤嘤声，蝴蝶的翩翩，飞来飞去的各色昆虫，将天地渲染得有声有色，散发着沁人的馨香。

"嗨！你在看什么好景象？"

李老师的一声招呼，将我从魔幻世界的陶醉中唤醒。

　　雪鸡喜欢集群，常组成 10 多只至 20 多只的小群
活动，有时甚至集成 30 只以上的大群。白天活动时
间较长，通常天一亮即开始活动，直到天黑才停止，
其中尤以清晨和黄昏以及晴天活动最为频繁，阴雨天
很少活动，也很少鸣叫。雪鸡常以根、草叶、块茎、
球茎为食，有时也吃昆虫及其他小型无脊椎动物

摇了摇头，双手在脸颊上用力搓动，才大步向雪鸡召唤它孩子的地方走去。

我捡起小鸡们啄食过的残渣，反反复复端详，我的惊奇不亚于哥伦布发现了新大陆："居然是蘑菇！"

肯定是蘑菇！草丛中还有小半个白色的蘑菇，难怪远远看去像是乒乓球。

"雪鸡最爱吃蘑菇呀！"

向导的话使我突然嘲笑起自己。是的，很多蘑菇是人类孜孜以求的美味，那为什么不能成为这些山野朋友的美味？

我突然想起在卧龙"五一棚"参加大熊猫考察时的一件趣事。那天考察途中吃干粮时，一只小松鼠总是来要吃的，给了它半块饼干，它就匆忙跑走了，眨眼工夫又来了。我说这家伙太贪，胡锦矗教授说："你冤枉它了。"

为了给它平反，胡教授终于找到了松鼠栖居的巢穴——一棵大铁杉树干上的洞，那里不仅有它刚运回的饼干，还有橡实、榛子、松子，竟然还有好几个已经晾干的蘑菇……简直是个粮仓啊！

"它是储粮过冬嘛！"

是的，起初人类不是向其他动物朋友学习过生活之道吗？说不定正是它们教会人类在大自然中哪些是可吃的哩！

大森林丰富多彩，这是美味羊肚菌还是象牙雕刻的艺术品？常引得
金丝猴从树上跳到地下寻找

"快看！"李老师双手捧了一堆蘑菇送到了我的面前，白的、黄的、肉色的……

这一发现带来了一串儿的惊喜，这里、那里都有蘑菇，就在几步远的地方，有个像蒲烛的蘑菇立在草丛中。

"很像羊肚菌呀，不过有些黑呢。"

李老师也发现了。我们在湖北的石首，在四川的青川，都采到过羊肚菌，那色泽和象牙相似，蜂窝般的造型简直是艺术品。特别是在青川的那次——追踪扭角羚的途中，向导用特殊的山里人发明的办法，将馒头烤得黄灿灿、酥脆喷香，加上烤好的羊肚菌，鲜美得眉毛都在跳舞。

三合坑江边的芦苇和人工意杨林，占据了整个的淤积江滩，林下生长着美味的羊肚菌

在乌头、桔梗、针茅、紫鸢尾的草丛中，这里、那里都长出了花褶伞、马勃、牛肝菌、鸡苁……还有种白色的像马勃苗，似乎就是雪鸡吃的。我叫不出名字，向导说："鸟儿们最喜欢吃它，它的名字就叫小鸟蘑菇。"

起初，我对蘑菇世界的兴趣，说得俗一点是因为"好吃"，时髦的说法是"美食"。儿时，一个雨后的傍晚，我在塘边柳树上看到许多蘑菇，它的带有灰色的菌盖像撑起的小伞，于是我把它们采回家了。妈妈用它炖豆腐，那种鲜美至今还留在唇齿边。

以后吃过种种做法的蘑菇，特别是云南、贵州有些地方的老乡，将它和辣椒一起炒，那真是糟蹋了纯洁的蘑菇。我至今认为蘑菇必须用豆腐炖才能充分发挥其鲜美的味道。

后来，我对蘑菇世界的兴趣来自它的特殊本领。如果说大自然里谁能化腐朽为神奇，首推就是蘑菇。

　　一位林学家曾对我说过，在原始森林中，自然的规律是老树枯倒，新苗茁壮。如果没有谁来消化倒地的枯木，年年落下的树枝、树叶，岂不把森林堆成了垃圾场？新树还能长出来吗？靠谁来完成这新陈代谢呢？蘑菇！

　　蘑菇属真菌，它将木质素分解，再幻化出千姿百态的蘑菇。

　　正是这种化腐朽为神奇的魅力，正因为在对皖南牯牛降自然保护区综合考察的队伍中，有位老马同志研究蘑菇，我才能坚持在大雨滂沱中，孤身一人走了几小时，去探察蘑菇世界的神秘，这才有《雨中探蘑菇世界》这段逸事。

　　阳光下，远处的山坡上四五个似是蘑菇的物体，惊得我如发现了天外来客……

天外来客蘑菇王

　　是玉石还是蘑菇？珍奇的和田玉不就出产在它的对面——塔克拉玛干大沙漠南面的昆仑山吗？

　　"别只顾采蘑菇了。"我拉起李老师就向那边跑去。

　　"等等我。"向导叫着，沙丘样的肚子实在是登山时的障碍。

　　到了眼前，我们都惊呆了。

　　"乖乖，这样大，比斗笠都大！"

确实不是玉石，一点不错，是蘑菇！但它确如白玉般晶莹。

这个我认识：白马勃蘑菇。

但又不敢肯定。我在青海的孟达采到过，在石河子的沙漠中沙窝子采到过，可它们最多也只有这里的几十分之一大！

"马勃，马勃！"

向导大叫大嚷，不知哪来的力气，蹿上去就把那个最大的采了下来，双手抱起，嗨，你看他那架势——

抱起的马勃，居然放到了沙丘般的肚皮上，谁说装满花油的大肚子尽是累赘没用场？

想想看吧，胖向导的肚子上搁了个大蘑菇！那蘑菇菌盖直顶着他的下巴，顶得他笑得开了花的胖脸都变了形，雪白的蘑菇，通红的脸，使劲瞪大的小小的眼……

嗨！还真有几分像弥勒佛哩！

"它的直径最少有三四十厘米！快放下，沉吧！还要爬山哩！"李老师是厚道人。

可他就是乐呵呵、笑嘻嘻地抱着。

看势态，李老师也跃跃欲试要去采那几个。

"算了吧，留着它在这里生儿育女吧，给后来人留着这道特殊的风景吧！"我说。

那天在巴州，小王跟我说，在天鹅故乡巴音布鲁克，

给猴王
照相

马勃

现在连蘑菇都100多元一斤，天价！因为大家都听说那里蘑菇特鲜美，谁去了都去采，直到再也见不到。能把蘑菇采绝了种，也算一大奇闻吧。而那年我们在那边看天鹅，顺手就拾了一小盆。

这次遇见的我从来没见过的这样大的蘑菇，应该可以称王了。记得在丽江老君山追踪滇金丝猴时，见过一棵有大号菜碟大的红菇。现在纪录被刷新了。

李老师问："这样大的马勃还能吃？"

"大概不能吃了。嫩马勃的味道有点像鲍鱼菌。"

马　　勃：亦称"脱皮马勃"。
灰包科真菌马勃的子实体，球形。
幼时内外纯白色，内部肉质，稍带黏性。成熟后内部组织全部崩解，最后全体干燥，化作灰褐色灰包。
产于中国河北、江苏、内蒙古等地。
可以入药，具有清肺、利咽、止血的功效。

李老师对向导说："累不累？那还不赶快放下，又不能吃！"

胖向导说："这你就不懂了，它是不能吃了，倒更金贵了。现在没法打开给你看，它里面装的全是孢子粉。这个粉是止血、消炎的特效药哩。拿瓶子装了，急时能救人哩！那年我亲眼见的，村里宰羊人一刀砍了手，血喷得老高的，就是用这种粉撒上，立马血就止了。"

蘑菇并非都是美味，它和一切物种一样丰富多样，对人类说来有利有弊。含有剧毒的蘑菇并不少，报上也经常见到误食毒蘑菇致命的报道。

有的蘑菇虽然不能食用，但药用价值却很高。

在世界上一些偏远地区的部落中聚会时，头领还要动用一种蘑菇专门招待部族中人——食后会产生幻觉，似在飘飘欲仙之中，大哭或大笑不止。

看着这片神奇的草地，越看越觉得其中似乎隐藏着某种玄机。这种奇怪的感觉涌上心头，怎么也挥之不去。

我快步向高处攀登。估计已到了中央地带，选择在高处俯瞰……那玄机正在向我们招手。

充满玄机的蘑菇圈

我向李老师招手："看那片，紫鸢尾花开得特别艳。"

李老师眼光一会从这里转到那里，一会又凝神沉思。

"再看看，形状，草地的形状。"

"嗯……像是圆圈子。是的，墨绿的草围起的圆圈子。嗨，还真能像'麦田圈'的传说，也有蘑菇圈？不是草圈？"她激动得语无伦次了。

"不就在你眼前吗？"

"你还记得那年在南非，在飞机上看到田野上一个个大圆圈，奇怪极了，后来你也说过……"

我记得后来考察农庄时，一看到长臂水管围着轴转为菜地洒水时，那庄稼田块就是圆形的，我俩相视大笑，嘲笑妄自猜测。

我拉起她猛地跳下，往那边跑去。这个圈子像是正圆形，直径有五六十米。圈子是由特别茂盛的草和蘑菇围成的，草儿不仅长得高，而且油绿，生机勃勃。蘑菇像是牵手排队，圈线有宽有窄，蘑菇又多又大。

起始就是油绿的草围成圈吸引了眼球，圈线上的花儿，无论是黄的、蓝的、红的都特别艳丽，犹如大地编织的巨大的花环。看那草丛中星星点点的蘑菇，开启了蕴藏的玄机。

花环、蘑菇圈在飘荡，在飞旋……如彩霞溢满山谷。

继续观察，发现这些蘑菇圈的形状不尽相同。左上方的一个像是幼儿园小朋友画出的，凸出一块，凹进一角；右下方竟然像是个马蹄形，更怪的是有一块像带子，似是有股彩色的山溪流过。

　　蘑菇原本就是童话王国中的主角，它们的形象千姿百态，所生活的魔幻世界充满了天真、神秘。毫无疑问，它们引发了奇思异想……

　　"哎，别傻想了，我们好像见过这种蘑菇圈。只是没有艳丽的高山花卉，碧绿的草儿衬托，才不像这里美得魔幻。"李老师说。

　　"在哪？给个提示。"

　　"那年我们从黄河源的玛多去玉树的路上，还记得吧，过一处草原时，路边有很多孩子端着满盆的蘑菇卖？"

　　"不错。"

　　"我就是在那看到的，在牦牛帐篷那边，有段距离，当时就觉得奇怪。"

　　"我也想起来了，好像在呼伦贝尔草原也见到过，只是当时的心思不在这方面。"

　　"那你说说看，这个蘑菇圈是人为的还是真的童话世界？"

　　我"扑哧"笑出了声，真有她的！

　　其实，我正在想这自然造化的神奇力量。

我虽然不是生物学家，虽然这种蘑菇圈罕见，但绝不是仅有。这说明有规律，有规律就有形成规律的原因：蘑菇圈中还隐隐约约有另一种现象，使它好像是个车轮，因为似是有着一根根辐条……

从我认识的看，这段圈子上长的是种白菇。它明显有条来自圆心的射线，似是从圆心往外射去，线条正是白菇组成。蘑菇化腐朽为神奇的力量，来自它的菌丝能将木质素等有机物分解成营养物质吸收。有种可能就是这种蘑菇的菌丝有着辐射的习性——向外扩张领地，繁衍后代。

生物学家说过，一切生物的至高无上的目的，即是复制自己的DNA——创造新的生命。

我将这一发现指给李老师看，她说："真的，还真有一条条辐射出来的线呢，它们也像一些草本植物，每年都有枯荣？"

"对。冬天，菌核就藏到了地下冬眠了，待到来年春天气候适宜时再长。"

"草怎么也长得特别好呢？还能有伴生的特点？"

"还记得我们在云南去其期古驿站的路上见到的水冬瓜树林？"

"还拍了照片哩！就在秃杉林的靠河边的那片，都长得直溜溜的，总有二十多米高，胸径倒是不大，只有八九厘米。"

"对，对！独龙族的老乡特别喜欢在营地上先栽种它，两三年后再种庄稼。说是水冬瓜的根像黄豆根，有固氮的功能，使土地肥沃。"

　　"也是真菌的作用。菌死了，化成了营养，草儿吸收了，长得能不好？草本植物的枯萎又给蘑菇带来了营养。

　　"这就是这个生物圈中蘑菇与草儿、花儿相互转化、一荣俱荣、一损俱损的相互关系。"

　　"那，那它们怎么到这儿就不再往前走，倒是形成了圆圈呢？"

　　"你以为我是植物学家？我只是在瞎猜，可别被忽悠了。依我看，说不出原因，反而说明这正是它的神奇、奥妙。真菌世界的奥妙多着哩！名贵中药的肉苁蓉、锁阳，就是在大戈壁和红柳结下了不解之缘，采药人总是到红柳树根处寻找它们的踪影。天麻和密环菌的亲密更是人们津津乐道的事。还记得我们在西藏红拉山寻找滇金丝猴时却遇到采松茸的人，在云南德钦夜晚探访松茸交易市场的浪漫？我记得松茸就是只产在针叶树和阔叶青枫树混交林中的。"

　　"经你这么一说，还真长了学问哩！"难怪很长时间没听到向导的动静。

　　我们在草地边的林子中，还看到了金黄的鸡油菌，奇妙的是一种长得像荷叶般的蘑菇。向导说："它的味道鲜

鸡油菌

美极了，像大树杜鹃花的花盘那样——由二十多朵小花形成花盘，几十个菌体抱在一起，一采就是一大蓬，好几斤哩。"弄得向导很为难，放了大马勃不甘心，丢了鲜美的蘑菇舍不得……好像"顾此失彼"的成语就是为他创造的。

记得曾见过一则报道，说是日本某地建立了一座蘑菇公园，培育了各种观赏蘑菇，还有蘑菇的各种制品。但它总是人为的，无论怎样也无法和天然的相比。若是能请一些菌类专家来考察、设计，建立一个天然的蘑菇王国，那将会吸引多少游客？肯定会是一处生态环境教育的基地。

鸡油菌：亦称"鸡蛋黄菌""杏菌"。
　　　　蛋黄色，高5-10厘米。菌盖肉质，宽3-9厘米。
　　　　多在秋季生子混交林内地上，群生或近丛生。

是冰山来客吗

下到石坎子，李老师看着草地上的印痕不走了——几条动物的抓爬痕迹非常戳眼，像是被犁过的一般。

是哪位朋友的杰作？

野猪？它是杂食性的，草、蘑菇一概不拒。但它是有蹄类的，地上没有蹄印，可以排除野猪的可能性。

确是野兽的足迹，就在抓爬痕的松土旁边，不清晰且显得凌乱。但有残缺的、模糊的掌痕，边上还有两个似是而非的印迹……是狼？熊？狐狸？

"熊！黑熊、棕熊这里都有，这掌印就是熊掌。快撤吧，碰到它们麻烦大，它们又凶又狠，一巴掌能把脑壳子拍炸。我们离保护站很远了。"向导脸色都变了。

就算是熊吧，大白天的也用不着这样慌张吧，何况心里已有着隐隐的感觉，为了证实，我赶忙问李老师："那年在福建梅花山自然保护区，见到过这样的抓爬痕吗？好好想想。"

"对，是见过。是照片，华南虎爬挂的照片，真有些像哩。"

我高兴得几乎要跳起来。

"雪豹！有可能是它留下的吧，都是猫科动物。"

"你想见雪豹想疯了，怎么可能呢？雪豹是肉食动物，它跑到这草甸子干吗？还能是换换胃口吃草、吃蘑菇？快撤，我们三个人绝不是老熊的对手。就算是你说的雪豹，我们也不是对手！"脸涨得通红的向导居然放下了一直抱着的宝贝大马勃，一副就要跑的架势。

"连这宝贝也不要了？别急，听我说完再跑也来得及。我问你：托木尔峰地区有老虎、金钱豹吗？"

向导瞪着小眼睛："没金钱豹，虽没见过老虎，倒是听说过。多少年前，总有百把年吧，一个外国探险家在新疆考察，说是塔里木河的胡杨林中，老虎比狼都多，可新疆虎早已绝种了。"

于是，我告诉他，我们在福建参加过对华南虎的考察。华南虎喜欢在山上的哨口，用爪子在树干上抓爬、撒尿，考察队虽没亲眼见到老虎，可拍了不少抓爬后留下的痕迹的照片。

动物学家当时说：这是华南虎标志领地的习性，警告同类不要侵犯，当然也是召唤异性的信息。还说猫科动物都有这样的习性。

照片上的痕迹和这地下的痕迹很像，既然这里没有老虎、金钱豹，那只有一种可能，不是雪豹是谁呢？

向导眨巴着小眼睛："雪豹吃草、吃蘑菇？"

我笑了："这可是个小秘密，不能跟你讲，一讲就不灵了。"

蘑菇圆舞曲

"别故意装深刻了，那你把它撒的尿找出来。"

这不是刁难吗？可倒是提醒了我。我真的寻找起来，也真的有了收获：在一块黑崖上，有着一片油样的痕迹。我凑到近前先是用手招来气息，闻闻，没有结果，干脆俯下身子趴到那上面深深吸了几次……嗨，还真有些野兽的腥臊哩。

我要向导也去闻，他认认真真嗅了几次，不说话了。

说实话，这不像是尿渍，尿液不可能是油状物。但我参加过对麝的考察和对黑麂的考察，这两位山野朋友都有把从肛门附近分泌出一种油状物的液体擦在树干上的习性——标志自己的领地，留下招引异性的信息。

但我没有把握，雪豹是否也有这种内分泌腺，或者也有这种习性？

至于雪豹是不是吃草、吃蘑菇，倒确实不是故弄玄虚。多年前，我在深圳动物园碰到一位朋友，他曾研究过雪豹的人工繁殖。在那之前，世界上只有两三个国家的动物园，成功地进行了雪豹的人工繁殖。但那位朋友的研究一直进展不大，后来还是听牧民说，雪豹在野外是食植物的，是营养的需要，于是他改变了饲料，加入了草，终于成功。

发现的喜悦，激得我马上就想沿着抓爬的踪迹去追寻雪豹。然而没走多远，就再也找不到雪豹留下的痕迹了。以我们三人和现有的装备，也不可能深入高耸的雪山。

探险中的机遇往往是可遇而不可求的。

蘑菇圆舞曲

心灵响起了圆舞曲，欢快、热烈，我和李老师悄悄地向蘑菇圈走去——蓝月亮当空，山色朦胧金黄，草地上篝火噼啪作响，萤火虫闪烁着，虫儿们"唱"开嘹亮的歌曲，在繁花似锦的草地上。啊！红衣、白裙的蘑菇仙女们撑着油纸伞，手拉着手，翩翩起舞……

啊！蘑菇圈鲜活了：她们乘坐在旋转木马上，花环围绕，旋律忽而舒缓，忽而激越欢快，忽而如山溪蜿蜒，火树银花飞溅，赞颂着生命的美丽。

恍惚中，红衣小仙女拉起李老师，李老师拉起我，融入圆舞曲旋律中……

给猴王照相

野人之谜正在逐渐揭开。

我们穿行在亚热带丛林中，连续四天攀崖涉水，在大雪纷飞中才将一群短尾猴赶到了这个山谷。猴群是在剪刀峰那边发现的。看到这些拖儿带女的山野精灵逐渐安静下来，大家才松了一口气，狼吞虎咽扒了几口饭，脱去湿衣、湿鞋，美美地睡去。

为了进一步观察短尾猴的生态和社群结构，考察组预先为猴群寻找了栖息地。猴子素以调皮捣蛋闻名，别说在山野了，就是在动物园中，饲养员也常常被它们捉弄得啼笑皆非、无可奈何。猴群可不像羊群或牛群，要将这些野性十足的家伙赶到预定地点，其中的千辛万苦是难以描述的。这个大胆的设想是建立在几年来对短尾猴生存状况了解的基础上的，虽然赶猴过程中也发生了些波折，但毕竟还是达到了目的。

给猴王照相

由于生物钟的作用，天刚透亮时大家不约而同地醒来。山野一片银白，东方溢红，天幕映蓝，积雪压得粗竹、大树吱吱响。难得的一个好天！

脚刚套进昨天的湿鞋，寒气直彻骨髓，我不禁打了个大大的冷战。攀爬在崎岖的乱石小道上，深一脚、浅一脚，我两次滑到雪窝里，都是小熊将我拉了上来。没走多一会儿，全身就冒汗了。

山谷在寨西的西南方向。我们请来帮助赶猴的寨西青年小张、小王两人，昨晚自告奋勇留下来看守猴群，于是临时搭了个小山棚。可我们约莫已走到昨晚搭棚处，却找不到山棚了。怪事，他俩还能被猴群劫去？还是耐不住夜晚零下四五度的严寒回家去了？

最令我们担忧的是猴群的动向。我们睁大了眼睛在对面的山崖上搜寻——一挂瀑布从密林中垂下，激荡出水流声，在银雪覆盖的山野中洋溢着生命的跃动、呼喊。在瀑

黄山短尾猴：属猴科中较大的一种。四肢粗壮，体态高大，肌肉丰满，两眼炯炯有神。成年猴一般体重15千克左右，最大者达34千克。它们蓄着山羊胡，长眉短尾，面大腮圆，身披深褐色长毛，色彩纯正，有似金丝，故又称金丝猴。又因其尾短不过6厘米，好像被人用刀砍断了似的，名短尾猴、断尾猴。

　　黄山短尾猴喜群居，每个群体的数量为 10 至 30 不等。除采食或嬉戏追逐时上树外，猴群大部分时间都在地面活动，受惊时会迅速结队从地面逃跑

布中段的左边，高大的青冈栎掩映了一处陡崖，崖面较为平坦，大约有二十多平方米。我们选中这个地方，就因为这是短尾猴的典型生活环境，也即《西游记》中所描写的花果山、水帘洞。再是山谷只有百十米宽，这边山坡林密，便于隐蔽，便于观察，以我们考察中得出的经验，猴群就应栖息在平台上。虽然天色已经大亮，空气明净，雪光耀眼，但东边的山脉和稠密的林木阻碍着视线，我们还是无法分辨出哪是山岩，哪是猴群。

人，不见；猴，也没找到。

正在焦急之际，我发现脚下有些异样，积雪下好像有什么东西在动，连忙往旁边闪开，盯着那地方看。雪太耀眼了，未看一会，那雪似乎在晃动，又似乎就是一片静静的雪……

我又踩到刚才的脚印上去。真的，雪下确实有东西在动，一点不错。

是岩石松动？

不像，那动的感觉中有着弹性。

是野兽隐藏地？昨晚的大雪和严寒迫使它窝藏到此处？

扩大了视线的搜索范围，这才发现这个雪窝确实异样，像是被什么架空了。一个念头在脑子里一闪，赶忙叫来还在观察对面平台的小熊。身材魁梧，做事大胆、干练的小熊刚听完我的介绍，将双筒猎枪交给我，要我严密监视，接着就大步跨到坡下，在没膝深的雪中扒开了。三手两脚，就见确是有杂木、树棍架在一起。他抓住了一根粗木，向我使了个眼色，我全身一凛，立即打开猎枪的保险，严阵以待端好枪。只见他运足气力，猛地又抽又掀，哗啦一声，他后跌坐地：

天啊！雪雾中展现在我们面前的是花布，准确一点说是被面，被下有人卧睡的形状。

小熊气急败坏，闪电般地做了一个不准开枪的手势。

哪里会开枪呢？考察队有条严明的纪律，在野外采标本或是遇到猛兽袭击时，不看清野生动物的毛皮，不准开枪。我不会忘记这一条，但我的心一下子提到了嗓子眼儿。很多片断的印象经过重新组合，现在较为真实和完整了：这是小张、小王两人昨晚临时搭的简陋山棚，大雪已将它压倒，他俩……

我简直不敢再想下去，这两个青年机灵、憨厚、手脚勤快，特别是小张，模仿猴叫惟妙惟肖，我们就是靠他帮我们找到猴群的。我跟随考察队在野外这么多年，虽说经历过不少危险，但却从未出过人命呀！

我惊吓得呆如木头的样子使小熊更急，连续几次想站起来，都被雪宕闪空："快扒人！"

理性的意识突然回到灵魂，我放下枪，跳下去，一把扯开了被子。

天啊！眼前的景象使我更为愕然、惊奇、气恼、无奈，复杂得无以名状，无奈得更为无奈：两缕白雾从他们鼻孔冒出……

小熊更是丈二和尚摸不着头脑，连滚带爬到了这边，他惊愕得大张着嘴，就像含了一个整鸡蛋，咽不下、吐不出。

"好冷。"

像是小王叽咕了一声，然后就紧紧往小张那边靠去。

小熊往小王屁股上踢了一脚，这一脚踢得很有性格。

"还不起来！若是跑了猴群，我再和你们算账！"

这一声炸雷，才将两人震得揉起惺忪的眼，口中念念有词："猴赶来了，还不让睡一个通觉？"慢慢坐了起来，睁开了眼，见我们这副架势，才慌慌张张地站起，不知发生了什么事……

这几天赶猴，实在太辛苦了。但他们也真能睡，睡得也真沉，沉得如老熊过冬。

事情很简单，山棚很小，雪夜中搭的简陋，是雪压还是他们睡觉不老实，反正用树棍架起的山棚倒了。风卷雪旋，竟将这一切掩盖起来。幸亏有这些横七竖八的树棍支撑，还留有空隙——这个故事一直是考察队的保留节目。

小熊已用考察队员所特有的快速反应能力，急忙往高处走了几步，既焦急又专神地用眼睛搜索对面的平台。我见他轻轻地舒了口气，也往那边看去。

大约是空谷中的人声喧哗特别具有感染力，平台上有了动静，一点不错，是几只猴在踱着步子，黄褐色的长毛在银雪的辉映下，油光闪亮，富有生气。

猴群没有逃逸。

经过两天紧张的忙碌，三个观察点建立起来了，东西两面的还担负着防止猴群逃逸的任务。观察点全都建在大树上，是小张、小王他们几位青年灵巧，还是人类曾巢居的遗传因子作用，他们巧妙地利用了树枝的长势和地形，搭建的凌空阁楼式的观察点优雅而舒适，坐在上面看对面的平台非常清晰，连猴子的牙齿都能数得清。山谷阵风吹来，我们就像在波浪中悠荡，很舒适，是种难得的享受，尤其是对我们这些已在山岭上奔波了好几天的人，真是最高的奖励。

猴群基本稳定，看来对考察组为它们选的新的栖息地还比较满意。其实，考察组更为高兴，这不仅验证了几年来对短尾猴考察的成果；更重要的是，将能安定地、周密地开展下一阶段的工作：了解短尾猴的社群结构和繁殖，捕捉整个猴群，采血、化验、检查，带上标志后再放回山野，为以后的跟踪考察创造条件——最终揭开"野人"之谜。虽然短尾猴已在黄山地区生活了千百万年，但在当时的动物学界属首先报道。事情的起因是"黄山发现野人"，这一新的发现引起科学家的注意，才组织了这次为时数年的考察。

　　猴群两天来的活动证明，在食物匮乏的严冬，建立投食点是稳定它们的有效手段。投食点选在平台上方三十多米处，是一小片坡度不太大的平地，四周林木茂盛，这也是将来捕猴的地方。我们为选择这块风水宝地，很费了一番周折。每天早、中、晚三次，由小张去送玉米。玉米的分量是根据猴子的数量计算的。为了建立投食信号，我们也煞是费神，最后还是由小张顺口唱出了一支流行在这一带的民歌，节奏欢快，歌词幽默，这才解决了难题。大约猴通人性，第二天歌声停后不到十分钟，它们就先后分批上去就餐了。

　　这是个短尾猴的大群，初步统计为五十二三只左右。要在猴群中寻出猴王，也难也不难。

　　既然称为"王"，王者之相较为容易发现。但"王"的周围还有左丞右相数名，都是在体格上相似的猴子，它们有权或为了表现自己，常常代"王"行事。这就需要费力将它们区分开来。

　　我们终于找出了猴王，是只块头较大、体重约有二十公斤的大公猴，体格健壮，直立起来有一米多高，在天色朦胧或密林中很能迷惑人。猴王脸上布满了伤疤，有一道疤从眉棱斜拖、拐弯到下颏，桀骜、蛮横、霸气十足。两只眼睛特别阴沉，它经常站在高处，似是一位老谋深算的

政治家，冷冷地注视着"臣民们"的一举一动：两只成年猴为争夺一颗松果上蹿下跳，打得不可开交。猴王闪电般地赶去，挥掌一击，就将一只猴打出四五米之外，另一只猴立即缩头弓身，瑟瑟作抖。即使是它特别喜爱的那只漂亮的雌猴来为它择毛、大献殷勤时，也只是偶尔一咧嘴，表示喜悦。

第二天，我和小熊一道去陡崖那边。在下陡坡时，由于雪深，见坡中段有棵小碗口粗的树，我伸手扶住它往下迈步，谁知，咔嚓一声，响声很脆，我就凭空摔了下去，接着是一连串的跟头，直到感觉满脸满脖子都是雪和雪水。想赶紧站起来，挣扎了几次也未成功，还是随后赶来的小熊把我从雪窝中拉起。他焦急、惊慌地一边帮我扑打雪，一边要我伸伸胳膊抬抬腿。我说："没事、没事。"心里却挺纳闷地，那么粗的树怎么就突然断了，回头望去，大约有十多米的滑痕，在雪野中倒是非常流畅。

"唉！想滑次雪，只是技术不佳。"

小熊看到我安然无恙，就踏着深雪三蹿两跃爬到断树前扒雪："是棵老树桩上生出的嫩枝。"他以行家的口吻向我报告。是的，这种树质地松、很脆，若不是雪掩盖了它的真实身份，在野外我们是绝不会扶它借力的。

晚上回到宿营地，待大家睡熟之后，我开始撸起裤脚看看腿伤。刚动手就是一阵钻心的疼痛，是小腿胫骨，那里只有一层皮包着骨头。心想有麻烦事了，我只好将长裤脱下，这时才看到，小腿胫骨处结了长长一条血痂黏在了裤子上。怎么办？

营地是借的寨西老乡的房子，在深山中，考察组也没有药物。天冷得出奇，上牙直打下牙。我采取的办法是倒点开水，放点盐，掏出手帕，慢慢沾湿血痂，逐渐剥离裤子与小腿的血肉。这真是伤口上撒盐，疼得头上冷汗直冒，为了使它们不再结到一起，也只好去灶口抓了一把灰掩住伤口。

翌日，别说往观察点上爬了，就是走路也很不方便，但我决心尽量掩饰。若是小熊知道了，他肯定要撵我回家。这时我想到后面的工作，和小熊商量后决定提前去为猴群中地位、等级较高的猴照相。为它们拍照留念，是为了建档，深一层次却是为了研究它们的行为。首先是要给猴王摄影。作为人类近亲灵长类动物的行为学，引起了世界上众多科学家们的极大兴趣，譬如短尾猴，主要是以动作语言、表情语言、声音等相互联络和交流的。那么，它们的喜怒哀乐是怎样在面部表现出来的呢？这个问题的深入研究是非常有意思的，即使是"猴相纷纭"，那也会让观看者大开眼界。

很遗憾，当时的装备原始，唯一的一架照相机就是我带的"海鸥120"，但在当时这已使我们很满意了。

当然，我无法进入猴群去为猴王照相，且不说它们如何不友好，就说它们的调皮，对新鲜玩意照相机是绝不会不抢、不争、不夺的。最好的拍照地点是在投食处的附近。在野外，发现较高级食物时，总是先由猴王攫取。近几天的投食也总是猴王第一个去进食，之后其他的猴子再按等级去进食。这就为给猴王照相提供了最有利的条件。小熊一再说，要我注意这儿、注意那儿。他是个豪爽型的人，今天怎么婆婆妈妈的，我嫌烦："没事没事。你们只要将猴王的动静告诉我，它一露面，我就咔嚓按下快门，能拍几张就拍几张。你放心好了，一定会拍得猴样儿十足！"他见我这样信心十足，也不好再说什么了，但眼神中还留着一丝说不清的担忧。

　　早上，我再次检查了照相机，觉得万无一失，就和小张一同出发了。

　　旭日正跃出群山，山谷中弥漫着淡淡的粉红的雪霁；山野耀着夺目的银光，绿叶、翠竹闪烁着鲜亮的光彩；溪水的叮咚声清脆而嘹亮，特别富有乐感。路旁雪地上印满了各种动物的足迹，小张对一串麂子的足印特别有兴趣，说是有只麂妈妈带了它的孩子来耍过。

　　"呱！呱！"

　　乌鸦突然叫起来，接着是十多只白脖子乌鸦从林中飞起，树冠一片雪雾。小张连连吐了两口唾沫："晦气，晦气！"

乌鸦是报耳神，可别在这时来找麻烦啊！幸好它们已经远去，并没有跟随我们。

快到投食点了，我请小张暂不要唱歌、投食。我们再次察看投食的小平台附近的地形：小路在山膀子上，左边是高山，右边是陡崖，有点坡度，两边的树林都很密，路的尽头是块五六平方米的平地，平地下又是陡崖，陡崖下几堵大岩之后是猴群栖息的平台。虽然站在上面看不清下面的地物地形，但由于在观察点往这边看过多次，大致轮廓还是有印象的。小张说："每天猴王都是从路尽头那边陡崖上到投食处。"他用手指了指岩边，那里刚好有棵小树。太妙了，天然的背景。"你只要站在这边路上就行了。它在下面，根本看不到你，它一露面，就跑不出你的眼睛。"

根据照相机的性能，也只有这个位置是最为适宜。我在离投食处五六米的地方，略靠路右边找了处视野较好的地方。小张退回去几十米，开始唱歌，一路走来，他将玉米撒下后，想留下来陪我并看稀罕，我将他撵走了，担心人多了会坏事。

几只山雀在树丛中"仔伯、仔伯"地叫着，神情活泼。剪刀峰上空，有只雄鹰正在翱翔。孤独寂寞的傻等之间，想象着给猴王照哪几幅照片……

"老刘，猴王出动了，还是老路线。"

传来对面观察点上小熊的喊话。因为几天来猴群已熟悉了人们的声音，这样的通讯对它们没什么影响。

我立即端着照相机做好了摄影的准备，腰都弓酸了，还是没见到猴影。

正在焦急时，又响起了小张的声音："猴王在大石头上不动，几位大将也没动，像是在开会哩！你别急……老刘，猴王出来了，往上面去了。"

又过了一会，传来小熊的声音："老刘，猴王离投食处只有五六米了，你准备好。"

我神情一振，立即将镜头对准猴王应该出现的地方。等了四五分钟，还是不见猴王。小熊、小张也不喊话。

正当我要失却耐心时，突然，就在我站的地方右边，树丛哗地一响。刚偏过头来，就见一只呲着黄牙、咧着大嘴的猴子扑来。那道异常丑陋的疤痕，使扭曲的面孔狰狞无比——在近处看，它鼻梁骨上那道疤就更明显了，伤口很深，使它整个面部像是被分割成了几块。借用一句"说时迟，那时快"最为贴近，还未等我醒过神来，它已扑到我的身边，伸出右前掌就来抓我的腿——嗨，那指甲真长！我往旁边一闪，只听嘶啦一声，裤子已被撕开。猴王见未抓住我，连个停顿也没有，就势用左前掌抓我上身。我唯一的武器是照相机，这时哪能顾及其他，只得在闪身的同时，抓住背带向它悠去。猴王一见这新鲜玩意，大为兴奋，跃起身子凌空去抓照相机。我往回一拉背带，猴王在空中扭转身子，伸出右前掌，直向我的面门攻来。这一掌，我惊出了一身汗，也惊出了办法，我猛然举起双手，大吼一声："啊！"

不说山崩地裂，但山谷共鸣，枝叶瑟瑟。猴王懵了，缩掌向后仰去，几乎是倒翻跟头般，只一闪，已入了丛林。

短短的几十秒之间，猴王的一套组合拳使得流畅多变，令人眼花缭乱。太精彩了！

"老刘，怎么啦？"

肯定是听到了我的充满威吓的吼叫，小张焦急地询问。

山风吹得我浑身冰凉，我也惊魂稍定。虽然冬天穿的厚，损失只是一条裤子，但原来跌伤的伤口肯定被抓开了，小腿上有温湿的感觉，照相机似乎还完好。我担心猴王回去率领它的大队人马杀过来，就急匆匆地给刚才遭遇猴王袭击的地方拍了两张照片，连忙退出。

半道上碰到了小熊，他因为没听到我的回话，小跑着找来了。他一见我这副狼狈相，急了："是碰到野猪群了还是豹子？"

我摇了摇头，突然大笑起来："是猴王！没想到给这家伙暗算了！"

简单地说了经过，小熊也乐了："老刘，千载难逢呀！有谁跟猴王干过仗？前无古人，后无来者呀！"

"我想不明白，它怎么知道我在那里呢？位置判断得那么准确！"

"有趣，太有趣了！最简单的是凭嗅觉。"

"小张一天要去三趟呀！"

"他投了食就走，你却留在那里。它知道你打的什么鬼主意！猴子疑心大。"

"还不能解释它是怎么得到这些信息的。嗅出人味是可能的，能区分小张和我的不同气味，在这短短几天是不太可能的。"

"有道理，看来还有别的信息渠道……对了，它们在乱石处聚会之前，肯定是已经得到了某种异常的信息，因而开了内阁会议。猴王责无旁贷地要来侦探……是的，这是个有趣的启示，不搞清这中间的一些疑问，捕猴就成了问题。"

后来，这位猴王的尊容还是被照相机留下了。遗憾的是，留在照片上的它已失却了往日的剽悍和尊严，失神、猥琐、混浊的目光中充满了忧伤。原因很简单，在一次政变中，它失去了王位。当时是它的随从里的一只更为年轻力壮的雄猴策动了战斗，并取得了胜利。

考察组对短尾猴行为的研究表明：猴王不是终身制，也不世袭；猴王在猴群中享有种种特权，也要承担种种义务；当它不能履行义务时，或有了更强有力的雄猴时，就要暴发政变，政变的方式很原始，有心争夺王位者，首先向猴王挑战，武力和智慧决定了最后的胜负；一次政变和下一次政变的时间间隔不等，有时一天之中就会发生两次。

生存竞争的本能，使猴群欢迎每一位新上任的更强有力的猴王！

失去王位的猴王，和"野人"之谜就很有关系了。

正是这种残酷的生存竞争，才能保持短尾猴种群的强大。这就是大自然的选择。

后 记

在野外考察中，我和队友曾多次遭到猴子的攻击和捉弄，它们总是激起我对野性的赞美，尽管常常哭笑不得，有时甚至要付出血的代价。但我始终不明白，它们的情报为何那样及时、准确，难道它们在森林中真的有信息网络，或者真的能掐会算？

在黄山浮溪那边已建立了"猴谷"景点。据导游说，就是当年我们追踪、考察的那群猴子，它们已经在此定居十多年了。只要一吹哨子，猴子们就踱着方步走出，领取食物，再也不用呼啸山林、四处觅食。看到它们个个肥头大耳，甚至大腹便便，这对它们究竟是祸还是福？

穿越大峡谷

穿越大峡谷

4月，我和李老师先到高黎贡山西坡，马帮驮着帐篷、睡袋，从大塘进入莽莽原始森林，终于圆了我二十一年来寻找大树杜鹃王的美梦。

回到腾冲后，我们沿着永昌古道翻越高黎贡山，去东坡探访至今仍然被神秘面纱笼罩着的怒江大峡谷和独龙江大峡谷。

刚到达山顶，一树银色的花朵含笑相迎，那花如雪铺在绿叶上，熙熙攘攘、热闹非凡，这是珍贵的多花含笑！其下一丛丛的火把果，被映衬得格外红艳。

我们正在感叹大自然的造化，突然水色惹眼：啊，怒江就在山下，如一领青带飘逸，潞江坝子尽收眼底！

怒江发源于西藏唐古拉山南麓的吉热柏格。上游藏语

称为"那曲"，意为黑水河。从贡山进入云南，怒语称
"怒米娃"，也是黑水河的意思，同时也叫"阿怒日美"，
意为怒族居住的江河。怒江为南北纵向的高黎贡山和碧罗
雪山相挟。高黎贡山最高峰是贡山县的楚鹿腊卡峰，海拔
4640 米，而潞江坝子海拔只有 600 多米，这就形成了相对
高度差平均在 2000 多米的怒江大峡谷——号称"东方第一
大峡谷"。

在世界上，能与怒江大峡谷相比较的还有两条大峡谷：
科罗拉多峡谷和雅鲁藏布江的大峡谷。若以长度计，怒江
大峡谷从西藏的嘉玉桥一带算起，到泸水县的跃进桥为止，
长度约为 600 千米，如再延伸，还可加上 100 千米，总
长度比美国著名的科罗拉多峡谷长了近一倍，比雅鲁藏布
江的大峡谷长了 212 千米。以此标准，可称世界第一大峡
谷。但若以谷地的相对高度差看，怒江大峡谷最大高度差
为 4500 米，科罗拉多峡谷最大高度差为 1740 米，雅鲁藏
布江的大峡谷最大高度差为 6000 米，以此标准，怒江大
峡谷则是世界第二大峡谷。

我和李老师近几年来一直在探寻横断山脉的神奇。高
黎贡山是横断山脉中的伟岸汉子。

无数雪山银峰尽列峡谷两旁，山高谷深，河流湍急，
造就了奇特的野生生物垂直分布带，有着丰富的生物多
样性。

刚到达潞江坝子，热风扑面。咖啡树上盛开的白色花朵缀满枝头，龙眼已结了幼果，木瓜飘香……一派热带风光。

我们从这里进入怒江大峡谷，开始了数百公里的溯江而上的行程。

到达江边，惊喜地看到水色青绿、缓缓流淌，三两灌丛、紫红花朵点缀在河洲上。我们曾在西藏的八宿第一次见到怒江，那黑乎乎的浑水使我们想到了它的原名。

车行数十公里，前方上空蜃气中，隐约有一线向左岸飞出。我正在仔细观察时，向导说："那是著名的双虹桥！"

古人曾以"水无不怒石，山有欲飞峰"描写怒江，那么，早于西线丝绸之路二百多年的南方丝绸之路，是怎样越过天险怒江的呢？三座铁索桥——双虹桥、惠通桥、惠人桥，它们忠实地记录了中华民族探索世界的历史。可惜惠通、惠人两桥已毁，成为历史尘埃，只有双虹桥依然联结着两座大山。

我们转过一个大弯，到达双虹桥边。岸边茂密的杧果、龙眼林遮去了桥身，我们只得跑着跳着，穿过蜿蜒在林中的小道。

奇在江中有一巨岩突兀，妙在巧匠以巨岩为墩，使得桥如双虹跨江。桥长约一百六七十米，建于 1789 年。在桥头，我细细数了铁索，约十八根，环环相扣，但铁环无结，以木板铺作桥面。桥下怒江汹涌，波涛滚滚。

路上遇到的三个怒族孩子

　　正巧，对面有一傈僳族汉子，领着一家人踏上了桥，桥也就大幅度晃荡了起来。桥只两三米宽，惊得李老师紧紧拉住了我的胳膊。等到我们双方调整好步伐，在桥上行走就有了另一种飘然的愉快！怒江两岸狰狞的岩石，显得尤其峻峭、刚烈。

　　我们一直沿着西岸前行，逐渐爬高，前方山谷中出现了大桥、城市——怒江傈僳族自治州的首府六库到了。

六库坐落在滇西纵谷的中心地带，典型的河谷城市，聚大山和峡谷的灵气，建筑物在怒江两岸依山而建。在整洁的街道上漫步，常能见到珍贵的雪兰、绿兰、金边兰、火烧兰……通过这些艳丽的兰花，我们感受到了高黎贡山、碧罗雪山物种的丰富。州政府正在采取各种措施大力发展旅游事业。

　　怒江大峡谷属滇西纵谷，是金沙江、澜沧江、怒江三江并流地区。这里居住着傈僳族、怒族、普米族、白族和藏族，闪耀着多民族文化的灿烂。

　　高黎贡山国家级自然保护区怒江管理局的局长是个热情、忠厚、干练的人，在商谈我们的行程时，提出了很多宝贵的意见，帮助我们解决了诸多的困难，使得以后的探险有条不紊地进行。

　　按理，眼下正是旱季，天气却时晴时阴。今早，天又阴沉了。

　　出了六库，我们仍然沿着高黎贡山东坡，也即怒江的西岸行进。数公里后，江边热气蒸腾，显然是一处温泉。大峡谷两岸的温泉虽不如腾冲那边（高黎贡山西坡）密布，但数量也相当可观。

　　刚巧怒江在这里拐弯，形成一大片河滩。涌出的温泉，在黑色的岸石处形成了天然浴池。

　　傈僳族同胞素有在新年初一、初二沐浴除却污秽、迎接吉祥的习俗。每到这时，宁静的山谷、河边突然热闹非凡，扎满了帐篷，男女老少齐集温泉边，洗澡、对歌，年轻人谈情说爱。这就是颇负盛名的"澡堂盛会"，此处是最具规模之处。听了向导的解说，耳边似乎缭绕起了充满激情的歌声。

不久，我们从泸水县的跃进桥转到江右。

峡谷愈加陡峭了，怒江狂暴起来，横冲直撞，掀起如暴雪般的巨浪。阴沉的天气，浓淡不一的云如幽灵般在两边山崖上游荡，更显得峡谷幽深、神秘。这就是著名的老虎跳了。黄河有狐跳峡，长江有虎跳峡，都是谷深、水急、峡险的写照。我们已进入怒江大峡谷最陡、最险的一段。

一阵疾风吹过，大雨倾盆而至。李师傅是位傈僳族的汉子，他小心翼翼地驾着车，要我们注意山崖上的情况，因为这时最易遭到塌方和泥石流的袭击。

刚过子里甲，就遇到山崖崩塌，一座小山丘将路堵得严严实实，幸而没有压到车辆。心惊之余，只好退回子里甲，等待道班的推土机。

今天赶到贡山的计划泡汤了。直到傍晚路才通，只能夜宿福贡县城上帕。

福贡是怒族和傈僳族的聚居区，保护区的卢主任安排我们领略傈僳族的风情。

刚到达门口，几位穿着红背心、白裙子的姑娘已端着竹筒酒立在那里，说是要喝三杯进门酒。我和李老师都不善酒力，但她却豪爽地一连喝了三杯，我也只得硬着头皮喝下了进门酒。

歌声扬起，姑娘们一边唱着动听的歌，一边频频向客人敬酒，题目繁多——同心酒、交杯酒……且喝酒的方式各异，就说喝"同心酒"吧，必须是男女挽颈，同饮一杯酒。我是一米八一的大汉，占有绝对的高度优势，正在庆幸可以少喝一杯时，一位姑娘却端来一个小凳。歌声突然热烈起来，那歌词的大意是：

喝酒啊，心爱的人！酒是天地酿造的甘露。今天难得相逢，甘露在心中留下永久的情意。喝酒啊，心爱的人……

如此反复和咏叹，伴以轻盈的舞步、满面的笑容，使你难以推辞，只好连连把"天地酿造的甘露"灌进肚里。我经历过蒙古族、藏族、维吾尔族兄弟的进酒，他们的豪放热情如出一辙。

酒是米酒，微甜，度数不高。我提醒老李，米酒后劲足，别醉了。她在兴奋中，哪里听得进去这样的忠告。也难怪，在如此热烈的气氛中，只图一醉方休，还能想到其他？

姑娘们端来了傈僳人待客最好的簸箕饭，在一个篾编的簸箕中放上米饭，上面有牛肉和各种调料、蔬菜。大家围坐四边，用手抓饭。菜多为野菜，有种竹叶菜，是采自雪山的，微苦，但脆嫩爽口。从此可以看到傈僳族兄弟对野生生物世界不凡的认识。

气氛愈加浓烈，姑娘和小伙子们跳起舞来。变化多端的舞步，嘹亮动人的歌声，散发出无穷的诱惑，使你不自觉地走进了狂欢的人群，舞之，蹈之。那是一种韵力，那是一种生命的旋律。能说会道、满腹经纶的向导小郑，未能抵挡得住劝酒，醉得如一摊烂泥倒在那里，年过花甲的李老师也步履蹒跚，摇摇晃晃，像个傻大姐一样笑着……

分别时，主人送了我和李老师各一套傈僳族的服装。

第二天早晨，我们想尽了办法，才将宿醉中的小郑拖上了车。

乌云爬坡，天空中飘着小雨，路况愈来愈差。昨天的大雨，使山石还在不断崩塌，碎石不时将车顶打得噼啪响。

李老师是第一次见到溜索飞渡，很兴奋。只见对岸浓荫掩映的山寨，大岩上一铁索伸向这边，这边大崖有铁索飞向那边。实际上溜索分为上下两根，来去不同。我们曾在西藏境内的澜沧江峡谷见过溜索，那里的铁索直径不过1厘米。此处铁索要粗得多，油光铮亮，原为飞跃天堑往来，现已伴有旅游项目。我们正在向傈僳族大嫂询问时，见一位姑娘花十元钱买票，一小伙子将她领到这边崖上，帮她系好了坐兜、挂钩，然后将挂钩扣到铁索上。只听到哧溜声骤起，人已在汹涌的怒江上空，峡谷中刚刚响起姑娘的尖叫声，那如飞的身影已轻盈地落在对岸岩上，传来历险

在汹涌的怒江上空过溜索，哧溜一声，瞬间的刺激。当地的朋友说：怒族的青年男女最喜在溜索上谈情说爱

后畅快的大笑。

是的，冒险带来了快乐！

据说当地的姑娘和小伙子常常坐溜索谈情说爱，那是何等的浪漫情怀！

怒江大峡谷中，"石月亮"有着响亮、诱人的名号。我们到达那里时，只见对面山峦上云遮雾罩，细雨霏霏。直到我们完成探索回程时，灿烂的阳光才照耀着大峡谷。对面的山峦上有一奇峰突起，峰的中下部豁然洞开，透出蓝天白云，如悬起的一轮明月。可以想象，在夜晚，透过石洞那边的月明星耀，将是如何一幅奇妙的画卷！我们想去探访，向导说：那连绵的山峰都是大理石，那是一个天然大理岩溶蚀而成的穿洞，在这里看来不大，其实洞深有百米，高约六十米，宽四十多米。别说全是悬崖绝壁，仅是爬上那座山峰，没有整整一天是走不到的。

峡谷的上空，天如一弯蓝河，白云如飞鸟匆匆；怒江咆哮着，急滩上银浪排空。

我们只能久久地眺望着石月亮，思索着傈僳族同胞为何对它如此崇敬，为何在创世纪的神话中就有了它……

贡山独龙族自治县在怒江的西岸山崖上。此处是三江并流最狭窄处，典型的高山深峡。青色的江水中流淌着绵绵的雪山银峰。

独龙族是个只有四千多人口的少数民族，居住在独龙

江大峡谷。我们想在走完怒江大峡谷后，再去探访那个至今依然不断发现新物种的神秘的绿色世界。

从县城出发，一路继续向北。怒江在这一段常常只有一二十米宽，峡谷最窄处不足百米，两岸却是千仞高山。

看来是雨季提前，出发时仍有小雨，大家都担心会遇上塌方、泥石流。司机也格外小心。

初进怒江，东岸碧罗雪山常是光秃秃的，西岸的高黎贡山却碧翠欲滴，杜鹃花红得耀眼。但进入六库之后，碧罗雪山出现了森林，植被也渐渐茂密起来。过了丹当之后，两岸高山已是层峦叠翠，大峡谷中溢满了绿树青水，令人心旷神怡。

森林中常常显出一座座怒族同胞聚居的山寨，在山花繁荣的山坡上，缭绕起袅袅炊烟。

怕塌方，还是碰到了塌方。我们下车清理掉流石，也算心惊胆战地过去了。然而只是一会儿，前方又遇见大塌方，崩下的巨石、古树将路堵得严严实实。无法再向前了，天色却好了起来，太阳从云层中钻了出来，只一会儿，蓝天如洗。

向导说，距丙中洛——怒江进入云南的石门处，再向北就是西藏的察隅了，还有四五里路。我们决定弃车步行。

走了一里多，怒江第一湾尽显眼前，王菁大绝壁威严地矗立在江的右边。南下的怒江到此只得突然转头向西，流出三百多米后，又被塌方处的丹拉大山的陡壁挡住去路，只得再迂回向东，向北；急流咆哮，旋涡如沸，形成了一个大大的"U"形拐弯。湾上半岛台地高出江水约五六百米，岛上村落依稀，山花闪烁。向导说："你们来晚了，早春时，岛上桃花盛开，云霞蒸腾，俨如世外桃源。"

我们去过长江第一湾的石鼓镇，后来又去雅鲁藏布江大拐弯处，三江扭动身躯，迂转回环、奔腾向前的气势，谱写出了不屈不挠的壮美诗篇！

其实，怒江在这里拐了一大一小的两个弯。

走完湾底，峡谷顿然开朗，远方蓝色的天幕上，金字塔般的雪山迸射出万千银线。近处茵茵绿草缓缓地起伏展开，草地上有着悠闲地吃草的羊群，稀疏的树林掩映着三两村寨，蓝蓝的艳艳的花朵盛开……

啊！这就是丙中洛，传说中的人间仙境、世外桃源！

两座陡崖相望，如一石门。怒江从中冲过，迈出它离开西藏南行的第一步，造就了第一个台地，造就了以藏族同胞为主，多民族聚居生活的丙中洛！

　　怒江第一湾。它虽不及长江第一湾宏大的气势，
却陡险异常，是怒江走出西藏，进入云南后在贡山县
丙中洛形成的一个半圆形大湾

瑞香盛开在普拉河谷

穿越了三百多公里的怒江大峡谷，我们就开始做去独龙江大峡谷的准备工作。

独龙江在贡山西北侧，与西藏、缅甸接壤，那里不仅聚居着只有四千多人口的独龙族，而且有着一个神奇的野生生物世界。由于雪山银峰环绕形成了天然的屏障，那里至今依然保持着较强的原始性。曾多次深入那里考察的植物学家李恒教授说过：贡山的植物世界具有版纳的特点，而版纳的植物世界却并不具有贡山的特点。因而在生物多样性方面，贡山要丰富得多，她从在独龙江采到的植物标本中发现了很多新种类。

去独龙江有两条路线：第一条路是由公路先到独龙乡政府所在地。前些年，独龙江还是全国唯一不通车的少数民族聚居地。1999 年，国家投资一个亿，修建了九十多公里的公路。但是，独龙江是多雨区，每年的降雨量有三四千毫米，曾有连续降雨七十多小时，一天降雨量达三百毫米的纪录。这里每年有两个降雨高峰期：2 月至 4 月和 5 月至 10 月。正是这充足的雨量造就了最为神奇的独龙江生物世界。现在正是第一降雨高峰期，给我们的行程带来不小的困难。第二条路则是依循古老的马帮所走的路，穿越普拉河峡谷，再攀登风雪垭口，进入独龙江。这是一条艰难的跋涉之路。

贡山自然保护区的张局长非常细心，在安排这次探险行程时，一再要我们先探路，再决定行程。他说这个季节是难以进入独龙江的，据说公路塌方不通，马帮古道上的风雪垭口仍为冰雪所封。

时晴时雨的天气，更使我们焦躁不安。多年的探险生活告诉我，张局长的意见是对的：在这个季节，不管选哪条路，只要能进去就谢天谢地了！

一直下着雨，到傍晚时雨停了，我们去探路。车在贡山县城丹当盘旋而下，在普洛河注入怒江的河口处向左拐。沿着清亮的普洛河右岸前行，路况尚好，但驶出不到两公里，就不断见到山上塌下的泥石堆在公路上。李师傅也就不断扭头用眼睛看我，我则只是看着前方。又行一公里路，小股水流带着泥石从山坡上往下游动，直到有一处塌方已占去公路的一半，雨又淅淅沥沥下起来，李师傅坚决地说："回吧！再往前，今夜就回不去了。"

我还未表态，他已将车停下调头。探路的失败，却在我心头涌起一些欢乐，因为只剩下那一条心中向往的路了。我非常向往着走马帮古道，路虽然艰险，但却是特殊的经历，能较多地看到稀奇、罕见的自然现象及野生生物世界。

好不容易盼来了无雨的早晨，虽然云在怒江峡谷中涌动，眼前迷迷茫茫，但云流的疾驰显示了希望。依我的经验，

如诗如画的普拉河谷。只有不畏艰险，勇于跋涉，
才能享受大自然的赐予

这样的气象最少有半天无雨，我决定立即出发。

张局长赶来送行，坚持用车送我们一段路，他一直为这条路太难走而担心，何况李老师的伤腿走起路来仍然一瘸一拐的，于是又安排了纳西族的和郑军以及独龙族的小金作为特殊的向导。我们一行五人，成了多民族的兄弟。

出发时，天色真的好起来了，峡谷中的云已升上了高空，云朵中竟然有小片蓝天露了出来。到达普拉河河口时，小和指着山下普拉河左岸的一条小道说："应该从那里步行进入马帮古道。"到达前天塌方处，李师傅一踩油门就冲了过去，前面的路程也多有惊无险。

车行驶出八九公里停下了。小和指着坐落在山谷中的房舍说："这是进入独龙江的最后一个寨子，有一吊索桥可渡，再往前就无路进山了。"

下车后，我看到右前方两点钟方向，雪山迸射出千万银线，小和说那里应是通向独龙江的风雪垭口。我们则要从十点钟方向往下，直到谷底，相对高差大约有四五百米。从眼前的景象看来，比我预期的要艰难得多。我不禁将视线停在李老师的脸上。她却笑了笑，显得极轻松地踏上了下坡的路，那伤腿居然一丝也不拐——我知道是为了安慰我而故作轻松的。

山坡很陡，路在松林中蜿蜒，小和一边搀扶着李老师，一边说："下到谷底就好走了，路平平的。"

给猴王照相

　　双拉娃村主要居住着傈僳族同胞，寨子不大，多是木结构的瓦房。这与我们在怒江大峡谷山坡上见到的傈僳族民居差别很大，那些房子多建在山坡上，由很多长短不一的柱子支撑——由此得名"千脚屋"，一般都只有二十多平方米，狭小、简陋。我们坐在村公所的门前小憩，看着小学校上空飘扬的国旗，心里涌出无尽的思绪……出了寨子就是一个陡崖，我们小心翼翼地顺着栈道木梯往下走，十多米后转过岩头，普拉河热烈地呼唤着我们，一座窄小的约二三十米长的吊索桥悬在河上，湍急咆哮的河水令人目眩。

　　小和说，这原本是座藤条吊索桥，因为年久失修，且孩子们上学往来其间不太安全，是保护区出资以铁索代替了藤条。张局长曾谈过，为了保护好这片神奇的地方，保护区在社区方面做了大量的工作。前两天，我们已看到为从保护区中迁出的居民所建的新居。过去这里的少数民族兄弟一直用木板或石板做瓦盖房，用材量大，保护区现已无偿赠送铁皮取代木板瓦。这些铁皮顶的房子在阳光下闪闪发光，形成了另一道风景。听着他们为保护区周围群众脱贫采取的各种措施，我们感到欣慰。

　　桥确实太简陋了。所谓的"铁索"，只是几根不粗的铁丝，幸而有护栏。

　　李老师胆小，但却要求第一个过吊索桥，她曾在热带雨林36米高的空中走廊拍摄照片，因而我不太担心。小和却慌了，要在旁边扶着她，可是桥面只容得一人。

李老师刚踏上桥，那桥就秋千一样荡了起来，只见她紧紧地抓住两边的桥索。小和、小郑都大声喊起："向前看，别低头！"

她慢慢地、颤颤巍巍地挨了四五步，站住了，又抬起了头，似乎是想摆脱什么困扰，顾盼起左右。突然，高兴地叫道："杜鹃花！好漂亮的杜鹃花！在这边探出的崖头，白色的，香水杜鹃，灿烂极了！"

她急忙取下照相机，转身来拍了两张。大约是嫌角度不理想，又快速向前走了几步，甚至探出了前身，再拍。等到拍完刚转过身去，又听到她充满惊喜的声音："你们看右前方，河边那块大岩上，盛开的杜鹃花。"

真的，对岸伸向河里的光裸裸的大岩上，居然出现了一丛盛开的杜鹃花，银瓣红蕊，别具一格！

她在惊喜中，在不断寻找理想的角度中，在悠悠荡荡中，不知不觉地走到了对岸！

我踏上桥，大步向前走去，突然感到桥和人都像是横着飞了起来。心里清楚这是急速的流水所造成的幻觉，但却挥之不去，只得紧紧地抓住护栏上的铁丝。当爱因斯坦的"相对论"占满脑海时，那种飘飘然的感觉妙极了，我甚至用脚步有意将桥晃起来，想荡得更高……

　　独龙族的小金，以额勒带，背着篓子。他在桥上简直像是杂技团的演员，表演了很多惊险动作。李老师异常羡慕，小金憨憨地笑着说："到了独龙江，我带你去过真正的藤桥，藤子有杯口粗，人倒悬在空中攀过去。"他还特意爬到裸岩上采来了几朵杜鹃花，说是独龙人喜爱采这种花，烫后凉拌着吃，很香。

　　黑娃底河由左边汇入到普拉河，形成了小三角洲地带。这一段路确实还算平坦，路边时时出现一两座房屋和小块的农田，但山上只有稀稀落落的次生林。显然，人类的开垦毁灭了这里的原始森林。普拉河的歌声，却多少给人一点安慰。

　　河水泛着蓝色，绿茵茵的，似乎是在诠释着"春来江水绿如蓝"的诗句。银色的浪花里扬着深山的信息：那里有着茂密的原始森林。因为在这样多雨的季节，河水依然可以如此清澈明亮。它一直伴着我们同行，渴了就掬水而饮，那水真是"有点儿甜"，难怪小和不要我们带水。

　　虎耳草在崖上开着耀眼的白花。其旁有一树也开白花，串谷风吹过时，枝条间竟响起了轻轻的哨声，小金说："鬼吹箫。"小和说："那是你们独龙族的叫法，学名叫'水红木'。"小金见我们非常注意植物世界，指着一丛绿叶说独龙族人喜爱它，过去披在身上的麻毯，就是剥下这种树皮，鞣制成纤维织造的，喂猪也是采它的叶子。想起在高黎贡

崖"装"

山西坡寻找大树杜鹃王的跋涉中，我们曾遭到荨麻的伤害，知道独龙族同胞不仅以荨麻入药，而且用它的纤维织毯。可这不是荨麻呀！小和仔细看了才说："这是水麻。"

小和是保护区的工程师，他曾多次跟随植物学家李恒在野外考察。瞧，他又有了新发现："这是大托楼梯草，像七叶一枝花吧，名贵的中药，听说是云南白药中不可或缺的。原为版纳特有种，李恒教授却在这里采到了标本。她说这里的植物世界具有版纳的特性，但版纳的植物世界却并不具有这里的特性，这就是证据之一。"

在以后的行程中，小金以独龙族的传统讲述植物世界，小和以纳西族、傈僳族，一会儿又以工程师的身份对小金的讲述加以说明，这就大大增长了我们对少数民族，对植物学、风俗等的知识。有学者曾作过调查，过去独龙族的生活资源有一半是依靠在山野的采集。

一队马帮从后面赶来，马驮着货物，脖子上的铃铛响着，铃声和着山野的鸟鸣，顿时在河谷中演奏起了乐章。

待到马帮走近时，我们赶快让路。路太窄，只好尽量往左边的河岸靠去，忽听李老师"啊哟！"惊呼一声。

看她惊喜的神色，我们松了一口气，顺着她的眼神，大家立即蜂拥过去——一棵大树上正盛开着熙熙攘攘的兰花，其叶修长隽秀，花瓣的外面黄黄绿绿的，内面下部印有鲜艳的红斑。小和兴奋地说："我也是第一次见到这样茂盛的小贝叶兰，总有上百朵的花。它附生的这棵树也是珍贵的古老植物——水青树，这树也开着花哩！"

李老师频频按动照相机快门，准备将小贝叶兰的美态带给外面的世界。小和说："李老师，还是留点胶卷吧。这里的兰花品种繁多，享有盛名，像什么雪索莲瓣、贡山红等，一株

花繁叶茂的小贝叶兰

要卖几十万元。也正因为这样,兰花资源遭到了极大的破坏。"

刚退出岸边的丛林,就有刺挂住了我的衣服——原来是棵树干上长满了刺但顶上还残留着一两个果子的家伙。小和说:"有意思,你不睬它,冷落了它,它就偏偏要你见识见识——这就是你们肯定听说过却没见过的刺五加!"

待到我们都来端详,小和却大声喊了起来:"这里的宝贝多着哩!照这样看法,今天肯定赶不到宿营地。"

大家只得恋恋不舍地上路。路崎岖起来,天也阴了,山谷也窄了。大约也只走了四五十步吧,小和压低了声音说:"瑞香!在河岸边!"

李老师和小郑被他像是怕惊动了一只小鸟或一只野兽的语气惊愕了,我却大步走去,急促地嗅着在丛林中寻找。幽幽的清香将视线引向了一棵无叶的灌木,那枝头缀着四五朵半球形的淡黄色的花,自有一股凌风高踞,端庄、高雅的风韵。瑞香的大名我早已久闻。多年前,朋友曾得一株,宝贵得邀大家欣赏,我们只看到碧绿的叶子,好不容易等到花期时,它却枯萎了,在我心头留下了久久的遗憾。在万里之遥的普拉河畔见到,那喜悦当然别有滋味。

我很奇怪,有关的资料上说瑞香是常绿灌木,春季开花,花集生顶端。这几朵花确在枝端,但它却无叶。小和说,贡山的瑞香有好几种,还有花瓣内为白色、外为紫色的。

李老师为花少且又蔫蔫的急得团团转。小和极有信心地说："眼下是 4 月，但高海拔地区——就是前面一定能见到盛开的花。"

我们又充满了期待向前走去。

几幢绿色的木屋展现在前面，嘎足保护站到了。我们已走了四五个小时，吃了干粮，稍稍休息，又踏上了路途。对面的山坡上有明显的界线，一边是低矮、稀疏的次生林和农田，一边是郁郁葱葱的森林，这说明现在才刚进入保护区。小和证实了我的想法。

迎面来了一位保护站的巡查员，说是前面大塌方，可能过不去。我说："走，车到山前必有路！"

天也更加阴沉，河谷两岸峭壁陡立，上空林木的枝条形成了穹窿，只有普拉河依然欢乐地伴随我们一路高歌。

一株绛红泛紫、挺着肉腱般的鞘的植物就在路边，约有二十厘米高，没有一片绿叶，只有累累的花苞紧贴。李老师正在为它拍照。"李老师真是福星高照，这可是稀罕物，难得一见。"我们都急着问它的尊姓大名，小和却要我们猜。说什么他都摇头，得意地看着大家一头雾水。直到最后才启发式地提问："天麻你们知道吗？名贵的中药。"

"这不是天麻！天麻我见过，在小凉山还采过，它倒也是只有从土里挺出的茎，高高的，没有一片叶子，花苞也是这样……难道它们是一个家族的？"我说。

　　珊瑚兰就在茶马古道的路边，它总是那样含蕴、深情，只有在大自然中才有可能领略它的风情。高黎贡山自然保护区是兰花王国，我们也是第一次看到丰富得令人目不暇接的各色兰花

"兰花分地生兰、附生兰、腐生兰。它是腐生兰中的珊瑚兰。天麻也是腐生兰！"

真是一语惊人，我确实是第一次听说天麻是兰科。大约是因为天麻最贵重的是它的块茎，且天麻是以未出鞘、未开花为上乘，所以大家才经常忽略了它美丽的花朵吧！我深深地向小和鞠了一躬："谢谢赐教！"

小和却陡然涨红了脸："刘老师，担当不起。"独龙族的小伙子说："回程时把它带上，送给刘老师作为纪念吧！""不！这是生它养它的地方，就让它的芳香、美丽永远伴随着普拉河，让我永远想着……"

虽然碰到了塌方，但大家还沉浸在发现的喜悦中，非常愉快地在泥泞中攀崖爬壁，手脚也特别敏捷。

刚上到一个陡崖，河谷里的风带来了阵阵幽香，我站在崖边细细搜寻……

啊！瑞香就在左前方上边的崖上。崖下悬空，崖头向河边伸去。

大家相扶着，艰难地往上攀，刚把李老师第一个送了上去，就听到一声大喊："好美啊！开满了瑞香，真是盛开如繁星一般闪亮……"

河谷里回荡着探险者满腔的惊喜！

巍巍秃杉王

沿着普拉河向高海拔攀登，盛开的瑞香多了起来，河谷中时时弥漫着它特有的芳香。

突然，云天洞开，河谷里一片灿烂，阳光将两岸的森林照得碧绿耀目。

一只大雕冲天而起，展开巨大的翅膀，在蓝天翱翔，悠然之间敛翅，如箭般斜刺里往下俯冲。只听得森林中哗啦一声，金雕已再升起，那爪下却有一小兽在挣扎，四蹄车水般划动……

"麂子！"

"小野猪！"

小金、小和大叫，大家都不由得追着大雕的身影跑了起来。

从雕闪着金色光芒判断，很可能是金雕。它是大型猛禽，完全有能力从空中俯冲而下猎取这些动物。

右前方一阵急速的蹄声，惊愕得我和小郑猛然站住。这里毕竟是黑熊、牛羚、豹子、猞猁等出没的地方，且我们根本就未带任何防身的武器。从蹄声判断，肯定是只大型野兽。奇怪的是独龙族的小金，却异常兴奋地冲下了河谷，闪电般地消失在丛莽中，只听到他大声喊叫的"啊——啊——"声响彻了山谷。

树林中有一前一后的两条线在游动。我们焦急不安，不知道是那家伙在追小金，或是小金在追赶那家伙。

大家毫无办法，但小和眼疾手快，已从地上捡起一根枯木，做出随时出击的姿态；李老师却向我身边靠来；只有小郑是一副茫然，又有些看热闹似的东瞅西望……

终于有一只大野兽显山露水了，它奔跑着，扬着一对一字形的短粗的犄角，头大，毛色褐黑，如牛一般。

"白袜子！白袜子！"小和像个孩子似的跳着、叫着。

明明是野兽，小和怎么如此荒诞地叫了起来？但这却提醒了我去注意它的蹄子。是的，它的四蹄下部是雪白的，难道它就是野牛？我在南非见过野牛群，那是夜间，一片闪着红光的眼睛，很容易使人误以为磷火。只是观察车上的探照灯光照到它们，才露出真实的面目。对！肯定是……我正要想仔细观察时，它已蹿入森林中。

小金气喘吁吁地跑回来了："这是我们独龙江特有的独龙牛！过年祭祀时要剽牛，就去山上抓来拴在场子中央，大家围着它唱歌跳舞。刚听它的动静，就猜到肯定是它。我小的时候常能见到五六只一群，现在少多了……"

原来他是为了让我们看到珍贵的独龙牛！心里非常感激。后来，我曾遇到两位专门寻访独龙牛的年轻人，他们已在森林中跋涉了数天，但连独龙牛的蹄印都未见到。我们更感庆幸。

"我慌里慌张拍了四张照片，总有一张是好的吧！"李老师不无得意。她胆小，见了野牛没吓坏已难得了。

　　阳光聚敛，如来时一样突然，河谷又显阴幽。老天似是特意安排了这一惊心动魄的情节，以酬劳我们跋涉的辛苦。

　　前面是大塌方，半壁的山坡垮下来了，合抱粗的大树狼藉倒地，泥石淤塞；崖上还有条小溪如瀑地跌落下来，范围有六七十平方米，一行五人面面相觑。这大约就是保护站小伙子说的地方。

　　我想起了赶到我们前面的马帮，但没找到他们走过的痕迹，四处更无踪影，难道另外有路？小和说可能性不大。河谷两岸全是绝壁，这是一条经过历史选择的通向独龙江的古驿道，很可能是将马匹隐蔽到森林中吃草，赶马人想办法去了。再说，天气已经不早，要是再去找路，天黑前肯定到不了宿营地。

　　"难道只有往回走？"我心急火燎。

　　小和没有答话，毅然地向塌方处走去。几次都陷到淤

　　独 龙 牛：又名大额牛，生长于贡山县独龙江一带。全身背毛为灰褐色，毛短细密，四肢膝下及唇部为白色，角圆且粗大，长30-40厘米。角呈平面伸展，角尖稍向后弯。额宽，头型上宽下窄。四肢短劲，蹄小结实。

　　树丛的急剧摇动，表明一只大型野兽的存在，谁
知跑出的却是独龙牛。它的四只蹄子雪白，犹如穿了
袜子，又叫"白袜子"

泥中去了。他就在泥泞中将倒下的树木东搬搬西挪挪……不久，去崖上探路的小金回来了，说是没找到路。小和却宣布："可以过去。"

我们踩着树干小心翼翼走着，免不了滑到泥泞中。最后，只剩下一人多高的大崖要爬了。小和找了树棍在崖上挖，等到爬上了崖，我们一个个都成了泥猴子，全身都被汗湿透了。老天偏偏又下起雨来，森林中响起一片雨击声……

河湾里出现一只雕的巨大双翼。它在河的低空滑翔，翅膀平展，一下也不扇动，锐利的闪着红光的眼睛却不时转动，是发现了大鱼还是其他小兽？正想看个究竟，它却消失在下游的河湾中了。

它虽然走了，却引起了小和、小金对不久前金雕的猎物的争论。小和说是麂子。小金说麂子没那么大，是野猪仔。小和说，贡山麂的体型是麂类动物中最大的。贡山麂是20世纪90年代才发现的大型哺乳动物的新种，是贡山特有的，只生存在贡山，数量很少……

一条飞瀑打断了争论。一方陡立的大崖，有五六米高、十多米宽，崖上挂下了一缕缕绿藤。银帘和绿帘相映，织成了奇妙的风景。我们欣赏够了，一个个像孩子般嬉笑着冲了过去。

河流突然转向，往右拐去。我发现林相变了，右岸的山峦上出现了针叶林，它与湿性阔叶林有着明显的区别。

那里的海拔至少有两千多米了。小和说："这正是这条河谷的神奇之处，几乎是每一个大的河湾都构成了特殊的生境，也造就了不同的生物群落，既有垂直分布带，也有水平分布带。"

针叶林的出现，使我想起了李恒教授的话：你走的那条路线有天然秃杉林，那是很珍贵的树种，值得注意。"难道秃杉林就在前面？"小和却诡秘地微笑着说："你会看到的。"

秃杉是珍贵的树种，高大、材质好，是只产于我国的云南、湖南、福建、台湾等地的特有树种。

在时阴时雨、变幻无常的天气中，八九个小时崎岖的山路使大家疲惫不堪，休息的次数逐渐增加。小和看出李老师格外疲惫——她是一月份把腿摔骨折的，拆了石膏就来高黎贡山了，于是小和不断用神奇的植物世界解除她的疲劳：一会儿说，这是十齿花、木鳖子，一会儿又说那是大叶仙茅、五味子……他突然停住了滔滔不绝，紧紧地盯

秃　　杉：杉科。常绿乔木，高可达 75 米。
　　　　　叶螺旋状互生，幼树之叶钻形，两侧扁平，大树之叶
　　　　　鳞状钻形。球果较小，直立，短圆柱形或长椭圆形，
　　　　　种鳞扁平，苞鳞不发育，种子两侧具窄翅。
　　　　　树形优美，可园林观赏。用种子繁殖。已列为国家重
　　　　　点保护植物。

住了头顶的上方，眼里射出金芒。我被他的神情吸引了，正在为未看到稀奇彷徨时，只见他攀住岩头，猴儿一样爬了上去。

"贡山竹！真的，是贡山竹！"

竹不高，只有20多厘米，叶也不特殊。云南的竹类丰富，怒族村寨旁的凤尾竹，粗壮的龙竹、金竹，林下的竹类更多。可这不起眼的竹子，竟然是贡山竹？

"贡山竹是在贡山发现的特有种。一般的竹要几十年才开一次花，完成生命的周期，开花后老竹枯死，竹米再繁殖幼竹。大熊猫爱吃的箭竹就是六十年开一次花。曾有一年川西大片箭竹枯死，给大熊猫造成了灾难。奇妙的是，贡山竹却每年都开花，母竹并不枯死，竹米也可生幼竹。可能正是因为这个原因，它不发笋，没有笋子，不像一般的竹子由竹鞭上的笋子繁殖。"的确，我在四周找了半天，也未找到它的笋子。眼下正是发笋时节啊！如果在大熊猫的产地也栽种贡山竹，岂不是避免了箭竹周期性开花、枯死带来的灾难吗？

转过一个弯，普拉河发出了异样的声响，有种蜂鸣的嗡嗡声。啊，对岸有一巨大的石穴，一半在河中，每当有激流冲涌，洞中就如擂鼓。有只黑白相间的鸟儿灵巧地飞入洞中，在水面一掠，嘴里叼住了一条小鱼，落到洞外突兀的石上享用。只一会儿，它已进出四五次，且每次都不落空。高超的狩猎，看得我们心花怒放。直到小和说：
"前面要过桥，天也不早了。"

　　过了吊索桥后全是上坡路，虽然仍是沿着普拉河游动，
但路全在乱石中。我想起了一位朋友的话："通往独龙江
的路，是挂在绝壁上的天梯，是悬在江面上的藤篾溜索和
吊桥，是断断续续地延伸在江边的羊肠鸟道。生活在现代
的人应该走一走这样的'路'，一定会产生很多对生活的
感悟，对人生的感悟……"尽管我和李老师已在青藏高原、
横断山脉跋涉了数年，但此时还是生出唏嘘、感慨。

　　我感到腿发飘，这是脱水的现象，汗流得太多所致。

不是走累了，是这儿的风景太美了，植物世界太丰富了，不得不放慢、
放轻脚步

爬上陡坡我就坐下来，从小溪中接了水，掏出带的食盐放进去，和李老师大口地喝了起来。她问："离宿营地还有多远？"小和说："快了，快了。"李老师说："你早就说快了。"小和说："快看到秃杉了。"

李老师站起来就走，在山野中她有句名言：越歇越想歇。不怕慢，只怕站。

路拐到了河边的悬崖上，左前方山坡上的森林有了异样，一棵棵大树从林中挺出，高踞于阔叶林的树冠之上，赭色的树干粗壮。显然是松科的，但却是我不曾见过的林相，我见过各种冷杉林、云杉林、铁杉林、松林，但这片树林却性格迥异，喜悦立即冲出胸腔："秃杉！那就是秃杉！"

李老师正急着问过河的桥在哪里，小和却悠悠地说："不用过河，前面的路旁就有秃杉王。"

一切疲劳都不翼而飞了，我们奋力爬坡，但那乱石中嶙峋的石岩，似是无止境地向高山上绵延，而刚才看到的阔叶林中的秃杉，又总是如雪山银峰一般遥不可及……

终于可以看清对面的秃杉林了，河边的一片特殊的林子却很抢眼，那是生长在普拉河河湾沙地上的一大片难得的林子。耀眼的白色沙地上生长着茂密的、挺直的林木，每棵都有二十多米高，树皮呈灰白色，很似桦树。这种林相我见过，是桤木林，但却没有见到如此美丽、如此庞大的桤木林。

山坡上大片秃杉群落，都是有七八百年树龄的寿星

　　小金说是"水冬瓜"，小和说叫"旱冬瓜"，是荒地上的先锋树种。一水一旱证明了它泼皮、顽强的生命力。听小金说，独龙族的同胞特别喜爱这种树，常在村前屋后种，甚至在地里种。它的叶子能当饲料，果子既能榨油，也是一味中药，具有治疗痢疾、腹泻、水肿、肺炎、漆疮的功效。

　　小和说："傈僳族、怒族、佤族、景颇族、独龙族的药典中，桤木都担当着重要的角色。民族植物学对它有专门的研究。独龙族过去是刀耕火种，但却世代相传种桤木，尤其是在轮耕休闲地上，这是很难得的。种的方法也很特殊，不育苗，而是在山野里寻找天生的苗移栽。林中还间种玉米、南瓜等农作物。桤木只要七至十年就能成材，材质淡红色，用途广泛，在国际市场上很畅销。砍伐了林子后再种庄稼，土地异常肥沃。科学研究证明，桤木的树根有固氮作用，寄生有能固氮的细菌，这是在非豆科植物里很奇特的现象。桤木是农林混作的优良树种，你们在高黎贡山的西坡没见到？"

　　是的，我们在腾冲、曲石、界头都见到过。

　　既然是先锋树种，那么，原来那边应该是天然原始林了？谁来这深山里把它们统统砍伐了呢？小和说："几年前电信部门计划在这里建个中转站。我们发现后制止了，可林子已经被砍了。"

　　面对着现代"文明"对自然的破坏，大家都感到很愤怒。

我之所以将"文明"两字加了引号，是因为真正的文明其实应该包含对自然的保护，人与自然的和谐关系应是文明的重要内容，而现代人却偏偏忽略了这一点。以后的路上，只要见到成片的桤木林，我就会想到原始森林遭到的厄运。

雨已彻底停了，山谷中却不见亮堂起来，云疏处偶尔还依稀可见淡淡的星影。

就在路中间，一棵两人环抱不了的赭色树干上，齐胸处捆绑着一周护树的竹片，但还是露出了刀痕——被剥去树皮的残迹。抬头想看清树冠，小和说是棵秃杉，我心里一惊。他接着说这是在山里讨生活的人干的，因为秃杉树的树皮易引火。破坏自然的人啊，何时才能抛弃愚昧？

虽然天色晦暗，我还是明显地感到跨进了阴影，顾盼间发现左上方巨木就立在头顶的崖上。

我只得向旁边退几步，这才能稍稍看清：一棵巨树奇粗奇高，树干笔直而立，主干无一枝杈，直到二十多米高处才伸枝展叶。树冠稀疏，但是片片云状。再看树干，色为赭红，油亮亮的，闪着旺盛的生命力，这一切都像是在说："我是秃杉王！"

崖很陡，我们只得绕行再攀爬。

我们瞻仰着这位"巨人"，犹如瞻仰一位伟人、一座丰碑、一座殿堂。我心头响起壮美的生命交响曲，久久地立在那里。

当我到达秃杉王的身边，它勃勃的生机、昂扬的精神，

　　这是一片神奇的土地，在方圆不到百米的范围内，竟然长出了三棵参天大树。迎面的是棵秃杉王，高三十多米，我们五人手拉手还未能环住一半，可见胸径在三米以上。右边是棵马蹄荷，叶大如扇，树高也在三十多米

激得我们血液沸腾，纷纷向前紧紧地拥抱它。通过它，我们拥抱着自然，拥抱着历史，拥抱着生命……我感到了它的律动，感到了它的温暖，感到了它汩汩的血液。

然而我们五人还未能环其一半，这位"巨人"的胸径当在三米以上，高度至少有三十七八米。树龄应该有一千多年。

它无一疤结，肌肤光润，青春焕发。虽历经一千多年的风霜雨雪，却未染上一丝历史的尘埃。是什么使他依然生机勃发？生命有时是那样脆弱，生命有时又是这样的坚强！人们感叹生命的悲壮，我却百倍地为生命的壮美歌唱！

每当我在瞻仰生于千年之前至今依然鲜活的生命时，总是禁不住心潮澎湃！

这是一片神奇的土地，林木丰茂。左上方十来米处还有一棵巨大的秃杉，虽然与秃杉王相比，它只能是子孙，但我观其胸径也有两米多。右上方还有一棵黛色巨树，那是马蹄荷，沧桑倔劲，叶大如扇，胸径至少两米。

啊！大自然，你何以在这方圆不到百米的地方长出了三棵巨树？这是一块神奇的土地，蕴藏着丰富的生命能量！这对人口日益增长的世界是多么的宝贵！

小和指着河对面的山坡说，你的赞美词得省着用。它们和阔叶林混交，这片生有秃杉的林子大约有十三公顷，常是三五棵成片，这里有比这棵秃杉王更高更粗的超级

118

巨树!

是的,巍巍秃杉与天相接!

我发现对面森林中自上而下有一条间隔带,间隔带上只有杂草、小灌木。于是问:那是砍出的防火隔离带?

不,那是一次规模宏大的泥石流造成的,宽有六七十米。当时暴雨如注,山体崩塌,泥石相混,摧枯拉朽奔腾而下,所过之处,原始森林尽毁……

这就是大自然巨大的神力吧!

高黎贡山女神

霭霭暮色的森林中,雪山映出几座影影绰绰的木屋。

终于到达宿营地其期了,这是河谷中难得的一块平地。其期是保护区的试验区,也是古驿道上重要的驿站,三座木屋如不封口的四合院一般。过去,每年都有大批物资由这里中转至独龙江。

我们都瘫坐在石阶上,看着银峰上焕出的绯红云霓和林中袅袅的地气,喝着淡盐水,听着普拉河的"轻声慢语"。

小郑走来,拉起李老师:"深山夜晚寒气重。您出了一天的汗,这里坐不得,赶快去火塘边。"

火塘架子上的水壶吱吱作响。小金从背篓里取菜、拿米,满屋子烟熏火燎,热气腾腾。

屋里弥漫着一种特殊的香味，很似热带香料之王香草兰。我正在寻找时，小金指了指火塘边的一把草，说了句独龙语。小和说那是种香料植物，翻译不出学名。我在那把草中拨拉，未找到如豆荚之类的果实。香草兰的香精是从果实中提炼出来的，那草有着带齿的小叶片，也不像是香茅草。小和说这里香料植物很多，随手从柴火中抽出一根，剥下褐色的树皮递给我。"这也算桂皮，是木兰科的。您闻闻，香吧？等会儿放到炖肉的锅里。这里木兰科的树特别多，含笑、厚朴都是木兰科的。"

水开了，我将带来的黄山毛峰放到几个人的杯中。不久，火塘边连声响起"好茶！"的赞叹声，黄山的精灵在体内回肠荡气，消融疲惫，生津活血。

保护站站长却带来了令人沮丧的消息：去独龙江的风雪垭口仍然为冰雪所封。

我久久在林中徘徊，望着夜空中的雪山。在川西考察大熊猫的经历，不时在脑海中浮现。所谓风雪垭口，是高山地区通向外界的唯一通道，险峻异常。冬季为冰雪所封，即使到了春天，也还需要炸药才能轰开坚冰的壁垒。

"你看，天上有几颗星了。明天我们再向前走，实在过不了就随缘吧！"

不知什么时候，李老师来到了身后。我点了点头，拉着她赶快往木屋走，寒气袭人。

记完了日记，已是十一点多了。刚躺下，外面就一片喧哗，夹着铜铃的叮当，原来是马帮到了。赶马人说，在大塌方处没找到路，是在山上看到我们通过后，才决心试试。先是由人将马驮的货物背过去，然后再牵马，在那一人多高的大崖处费尽了周折。我心里闪过一线希望，忙问："这些货也是运到独龙江？"赶马人说："这时哪里过得去？就运到这里了。"我心中的一线希望也化为乌有。

　　早晨，普拉河上空浮荡着云带，云朵在森林的树冠上游动，鸟鸣声响彻了山谷。高黎贡山素有鹛类王国之称，画眉，各种嗓鹛都是歌咏能手。这里还分布着罕见的有着长长的弧形喙的剑嘴鹛，可惜，我们没有碰到。

　　离开其期保护站，未走多远则拐进山坳，一条银瀑飞流直下，山谷里响起"隆隆"的水击声。转出山坳，风带来了一股幽香，我判定香源在河边的台地，那里林子茂密。

　　刚进入林子，一丛虎头兰正张开笑脸迎接着我们，它附生在大树的齐腰处。好家伙，何止一丛，在它的周围有四五丛哩！除了虎头兰，还有小贝叶兰、大贝叶兰，简直是个兰花世界！虎头兰花朵大，内面红的、黄的、黑的斑点形成了多姿多彩的图画；贝叶兰的花朵秀丽、妩媚，挂几颗雨滴，尤使其晶莹如玉。

　　它们承受宇宙的甘露，洋溢着山野的灵气，无比生动、鲜活。这是任何盆栽兰花都不具备的风韵——只有在大自

兰花的紫红花唇

然中才能欣赏到的美！

我们悄悄地接近，生怕留在花上的雨滴落下，选取着最佳的角度拍摄。正要迈腿时，我的衣角从后面被拉住了，回头才见小和对着地下努努嘴。我移过视线，眼前一亮：几棵小草，簇生在苔藓中，翠生生的叶片，犹如一幅天然的油画，叶脉舒缓别致，构成了奇特的形象——它们都只有三四厘米高。我像是在哪里见过这样的宝贝，猛然间却想不起来了……

云南黄连！

对，就是它！一点儿不错，我在黄山考察时曾采到过它。都说黄连苦，但贡山的朋友说到黄连时犹如说到了人参，神情自豪：苦中蕴藏着宝藏。贡山的黄连似是能治百病的良药。我曾亲眼看到人们用它泡茶，时时体验苦中的甘甜。连李恒教授说到贡山黄连时，眼里也闪着特殊的光芒，还说这种资源必须要特别加以保护、珍惜。

不久，又发现了一大片，几十株黄连在墨绿的苔藓、地衣中显得格外鲜明。小和小心翼翼地扒开它的根部，根茎尚小，看样子是只有一年的新苗。为了寻找成熟的黄连，我们逐渐爬到一个坎子上，发现这是块五六平方米的平崖。我正低头在坡地上东寻西瞅时，发现这块地有点特殊，脚踩在厚厚的苔藓上有种异样的感觉，下面好像有秘密。我耐不住诱惑，扒开了苔藓，原来是红色的、湿润的树干！难怪刚上来时就感到这个崖头有些异样。再一打量，这是一棵从根部开始倾斜的大树。常年苔藓的积累，已使它成了一块能容纳我们几个人站在上面的平地。这是一棵多么巨大的树啊！它是向河边倾斜的，眼前的树丛挡住了视线，看不清它的面目。

我对小和说出了发现，就急忙跨过一个崖宕，向那边绕去。连续跨过几个崖头，才看到了大树侧面的枝干、树

在普拉河谷的森林中，走不了几步路就能看到附生在大树上的兰花

叶，是针叶，银绿色，很像银杉的颜色，但却不是银杉。

"红豆杉，好大的一棵红豆杉！这里我最少来过三次，怎么从来就没发现它藏在这里？"小和惊喜地喊道。

由于境外生物"商人"在滇西北发现云南红豆杉的紫杉醇含量高——紫杉醇是治疗某些癌症的特效药——因而一级保护的红豆杉遭受了前所未有的厄运，损失巨大。我们亲眼见到过大批红豆杉被剥皮后死去的惨象！

普拉河谷不断给我们惊喜，但这里的地形复杂，各种植物特别茂密，几个人只好从崖缝、树隙中窥视巨大的红豆杉。目测它的胸径在一米八九，树干有二十多米长，枝头伸向河的上空。红豆杉平均每年的胸径生长量只有一毫米，那么这棵红豆杉应当是近两千年树龄的寿星！虽然树干倾斜，但枝繁叶茂、生气勃勃……

小和说这应该列入名木古树，采取保护措施。

我爬上了一个岩头，正准备拍照片，听到小和大声喊叫："刘老师，当心脚下。"

岩石上满布苔藓、蕨类植物，有一株伏在石上、伸出茎叶的植物很奇特，开着淡淡的黄花。花似杜鹃，又似兰花，我还从未见过。

小和跳了过来，说："你一定见过附生在大树上的石斛，但这种你肯定没见过！"

"这也是石斛？"

附生与附主

"错不了，是另一种。石斛属兰花科，不仅是药用植物，也是具有极高观赏价值的植物。石斛有串珠石斛、流苏石斛、曲轴石斛、兜唇石斛等十多种哩！既有附生的，也有在岩石上、林下生长的。有人见过在老百姓屋脊瓦上生的鼓槌石斛！"

大自然令人时时感到知识的贫乏。在高黎贡山的西坡寻访大树杜鹃王时，那些附生在大树上的石斛曾令我们惊喜不已，现在又见到这种石斛，真是令人难以置信。在这块神奇的土地上，我简直不敢挪动脚步了：生怕一脚踩下去，就伤害了一个美好的生命。在西双版纳热带雨林中行走时，植物学家作为我的向导很郑重地对我说过：这里一屁股坐下去，很可能就有一个新物种、一个博士生研究的课题。这句话用在高黎贡山的腹地，再贴切不过了。

路上来了人，是保护站巡山的。他说：凌晨有两人从风雪垭口退回来了，冰雪把垭口堵得严严的，过不去。

我们只得沮丧地取消了从古驿道去独龙江的计划。

回到贡山刚住下，就听说李恒教授来了，且住同一旅馆。这就像是一阵春风，吹散了我未能去独龙江郁结在心头的阴影。

有人将李恒称为高黎贡山女神。我们在高黎贡山跋涉时，几乎没有人不知道李恒，到处都流传着她十上高黎贡山，在独龙江整整八个月的采集、考察的故事。她的厚重的 1344 页的《高黎贡山植物》就是一座丰碑！

　　李恒教授如大山一般朴素，谈起话来也如大山一样丰富。她中等身材，慈眉善目，虽已年届七十，但神情却像五十多岁。话题当然是从独龙江开始的。

　　她原先学的是地质学，1961 年到了云南后，才专攻植物学。在从事云南植物志、中国植物志的编写、考察工作中，独龙江植物区系的神奇吸引了她，同时也发现了那里尚无 12 月至 5 月的采集记录，也就是说这里有一段空白。产生这段空白的原因是那里地形复杂，高黎贡山成了天然屏障，道路艰难，还有气候恶劣。

　　1990 年 10 月，她带着助手、学生三人，赶着浩浩荡荡的马帮，沿着其期古驿道向独龙江进发。翻雪山、过垭口，一路艰难困苦自不待说。

　　她们住在乡政府所在地的巴坡。独龙江成天在云遮雾罩之中，也即所谓的瘴气。每天上午 10 点钟才有太阳，平均日照只有四个小时。滂沱大雨不断，只有蜡烛照明。没有蔬菜，只能吃带去的火腿、鸡蛋，日久之后，她们一见到这些"美味"就恶心。那时的独龙族基本上是以采集和渔猎为生，妇女文面，不种蔬菜。李恒教授就教他们如何吃竹笋，采芭蕉花，做魔芋豆腐……生活条件十分艰难，但那神奇、丰富的植物世界几乎每天都给她带来惊喜——她们不断发现新种、特有种。对一位植物学家说来，还有什么比这更为重要呢？

采集标本是件艰苦的工作，不仅要有丰富的野外工作经验，渊博的学识，还须冒着各种危险。就是一种植物的标本，要将它采齐——有花、有果，那就不是一日之功。白天采了标本，晚上要压制，要翻，要烘干……

不久，她病了，发高烧。待到发汗退热后，鸭绒睡袋中竟然倒出汗水来！只好再去买床棉被。打吊针时回血，差点丢了命。

她的一位学生因为耐不住艰难，又被马鹿虱子、旱蚂蟥咬怕了，竟自动"下岗"了，吵着要回去。

李恒的回答很简单：既来了，不完成考察任务，只有死了才回去。

病稍有好转，她又行进在独龙江的山野中。她的执着，她的敬业精神，感动了所有认识她或不认识她的人：马库边防军的战士来了，独龙族的老乡来了，领着她采集标本，介绍当地的风土民情以及他们所知道的植物世界。

生存的艰难、工作的辛苦还是使那位学生提前逃离了独龙江。谈到这里时，她说："年轻人没经受过磨炼，精神垮了，其实他已经坚持了七个月……"言语间早已宽容了他。

八个月的野外采集和考察终于结束了。临行时，独龙江同胞来了一百多人送行，乡政府组织了几十匹马驮运标本，十几位工人在垭口开路……

那路实在太崎岖了，李恒从马上摔了下来。昏迷中醒来后感到胸部剧烈疼痛，但她没有叫喊，也没有要求抬担架，她以无比坚强的意志重新骑到马上。马在乱石中的每一个颠簸，都疼得她气也喘不过来。

回到昆明去医院一检查，竟然有三根肋骨骨折！

她在独龙江的收获是巨大的，采集了 7075 号标本，每号 8 份。丰硕的成果！

急需整理的标本使她无法住院医治，稍作休整后，她又立即投入了标本整理和后期的制作工作。这一做又是几个月，直到春节来临时，她才刚刚做完。然而，就在这天夜里，她气管出血，被紧急送往医院。医生责怪她不该在有毒气（消毒药）的标本室中那样玩儿命地工作……

李恒就像那清澈明亮的水，看似柔弱，但却是以点点滴滴、川流不息的韧性，向着目标前进，这种柔韧正是无比峻峭的阳刚！

皇天不负有心人，在她这 7075 号标本中，仅仅是植物新种、变种，就发现了五六十个，至于特有种，就更多了！植物学家们常说，如果一生能发现一个新种，那就不虚此生了！在这五六十个新种中，又以天南星科的最多，马蹄莲、红掌、白掌都属天南星科。天南星科的植物，具有很高的观赏价值。中国的天南星科植物，有三分之一是李恒发现的。

这使她成了国际天南星科委员会的委员，使昆明的天南星科研究中心在世界上排到了前八位！

评价一个植物区系，主要依据之一是要看它的特有种，李恒在她的巨著《高黎贡山植物》中，宣告了这座神圣的大山共有特有种植物88种201属，计434种！

结论是显然的：高黎贡山是世界上物种极丰富的重要区域之一！

李恒在植物科学界的成就令我叹为观止，无法也不可能一一去探究。于是我只问了一个问题："你的最得意之作是什么？"

她毫不犹豫地说："在云南的植物区系中，有个很奇异很特殊的现象：滇东南和滇西北有着相同的种，但中间却没有。这种对角线相对应的植物分布是怎样形成的呢？说得简单一点，高黎贡山是古南大陆和古北大陆交汇的地方，地质历史古老。它比横断山脉更古老。当缅甸掸邦板块漂移时，古南大陆向前推进了450公里，也即是说将高黎贡山往北推了450公里，造就了植物的古老性和多样性。再就是板块漂移引起了造山运动，喜马拉雅上升，云贵高原上升，形成了很多隔离带，使原是准平原的地带互相交流。它们交汇在前，隔离在后。生物在新的环境中要生存，生存就得适应，如古南大陆带来了很多热带植物，到了温带就要变异才能生存，因而产生了变异种和新种。例如贡山有波罗蜜，但贡山并不具备波罗蜜要求的高温高湿的环境，因而它就变异、适应，于是有了贡山波罗蜜！正是这种地质运动，使高黎贡山的植物在垂直分布、水平分布上都具有了极为丰富的多样性，同时也造成了滇东南和滇西北的植物对应分布。这就是我的解释，也即是说，我解释清楚了形成这种植物区系特点的原因！你有兴趣想详细了解，可以去看《高黎贡山植物》，那里有专门的章节论述此事。"

她用简洁、明确的语言解释了大自然纷繁的神秘，化繁为简，连我这样的"门外汉"也明白了许多。

那天，我们整整谈了一下午。我还看到了她采来的双耳南星、叶上花等标本。我见过波罗蜜、可可、槟榔在树干上开花，老茎生花是热带植物的一大特点，但却是第一次见到在叶子上开花的植物。生命形态的无穷变化，常使我感到想象力贫乏。

多么希望能跟随李恒教授在山野跋涉，可是她第二天就要回昆明了。于是，我立下了一个愿望：再去独龙江时，一定跟随她的脚步！

张局长很理解我们的心情，于是再次安排了车辆，沿着公路向独龙江摸索，走到哪里算哪里。

老天也特别有情，雨终于停了，一轮红日出现在怒江大峡谷的上空。

车行约二十公里后停下，小和说想去看看能不能找到心里牵挂的小黑熊。原来是去年保护区收留了一只失去母亲的熊仔，经过几个月的喂养后在此处将它放回山野了。他当然无法找到这位朋友，在山沟里转了一圈就回来了。

李老师突然发现，幽深的山谷中，河流闪耀着银色的光芒，一座绿色的小屋凸显，如一棵小树——啊！那就是普拉河口的嘎足保护站，是我们几天前去其期途中小憩的地方！我心头油然涌起回首来路的时空感和满腔喜悦！

这一发现又带来了更大的发现，山坡上一片绿叶白花的林子，叶肥如扇，花硕、形如莲。张局长说这就是贡山厚朴——贡山特有种！

又行两公里，大塌方将路堵得严严实实。我们下车，遥望着独龙江方向的银峰下巍峨的雪山、云雾中的森林，想象着大峡谷的雄姿，于是我心中激情奔涌——

独龙江，我们一定会再来拜访你！

后 记

历经周折，我和李老师2002年再次带着马帮、帐篷进入了高黎贡山腹地，寻找到了大树杜鹃王。然后转向东坡，计划沿怒江大峡谷进入独龙江。那时公路时断时续，仍然只能走茶马古道。但到了其期后，大雪封山，过不了垭口，只得返回。

2006年4月，我们再去怒江大峡谷，虽公路已通到独龙江，但仍是大雪、塌方。我们焦急地等待了几天也不见转机，只得渡过澜沧江到兰坪，然后再由两江并流地区到瑞丽，算是走完了高黎贡山。

2006年10月，我们再去独龙江，贡山至独龙江的公路已通了，但八十多千米的路程，开车足足走了九个多小时。山路全在山膀子上。途经不少狭窄、崎岖、垮了的地段，车轮转动就像胆战心惊地走钢丝。但沿途高大的红豆杉、多花含笑、铁杉、云杉等遮天蔽日，奇异的植物世界使我们感到路程太短、日落太快。时隔数天返回时，大山变色，金黄、大红斑斓，如霓霞飘拂，风景流动熏得人如醉如痴……

前后四年历经三次才进入独龙江，它以奇绝的自然世界慰劳了我们的渴望。江水是那样蓝莹莹的，植物群落是那样的独特，相距五六十千米的植物竟表现出两个不同的季节。缅甸掸邦板块向北漂移带来的古热带植物与温带植物的交汇、变异令人目不暇接。目睹了母鸡与眼镜蛇的大战、蚂蟥谷的恐怖，经历了窥视戴帽叶猴的惊险……我国人数最少的少数民族独龙族，更是心地纯朴，生境丰富多彩，他们与自然的和谐相处，至今仍是经典。我想再酝酿一些时间，或许能将他们的神奇用文字呈现，作为下篇。

东极日出

6月22日，从炎炎夏日的合肥到北方的佳木斯，一下飞机，凉风习习，真爽，我周身都感到了佳木斯的魅力。

佳木斯是与俄罗斯接壤的东北边城，也是三江平原的中心城市。黑龙江、松花江、乌苏里江三江相汇，形成昔日的北大荒，今日的"北大仓"。佳木斯是我国的东极，是太阳最早照耀的圣土，是中国的"大豆之乡""鲟鳇鱼之乡"，更有"地球之肾"——三江湿地自然保护区，中国最美的六大湿地之一。仅仅是这些名称，就已散发出强烈的诱惑和极大的魅力。

三江口，水色奇异、鲜明

天蓝得晶莹，云白得耀眼，这才是真正的蓝天白云。

离开松花江畔的佳木斯，在一望无际的大平原上，碧绿、淡黄、红艳将黑土地敷衍成了生动活泼的画面，犹如一幅幅巨大的油画不断展现在面前。你绝不会想到那是种植的大豆、甜菜、玉米、小麦，而只是陶醉在色彩迷幻中。

车行两个多小时到达同江，对面是俄罗斯。高耸的雕塑是同三公路的起点，终点是海南的三亚，全长5700千米，是欧亚大陆的通道。江边一块巨石，上书"三江口"。

我们登船的码头，水色橙黄浩荡。船溯水而上，江心洲迎面。突然，水色有变，右边黑绿的水流如龙游弋，奔腾而下，再看来路，仍如黄龙翻滚。船上惊呼四起：是两江汇流！它们竟是如此平和相见！

我曾观看过长江和黄浦江相汇，两江相拥，浪高涛汹，激情澎湃，摄人心魄，至今难忘。再看眼前这江面，那真是色彩分明，大江之中黄黑各半，连绵而下，可谓大路朝天，各走一边，真是一大奇观！

民间传说这黄黑二龙为争夺河道，征战不息。东海龙王下旨：合江并流吧！可两龙心中不平，仍是各走各的道。提起这个传说，是因为地质学家说，大江大河都有袭夺河道的禀性，也因此有了汇流，有了百川归海。

黑龙江是条国际河流，全长4370千米。北源于蒙古国境内，南源出自我国大兴安岭。流经地域为腐殖土，因而水色黑黝，也由此得名。松花江源自长白山天池，含沙量大，水色橙黄。合江并流之后，下游的地图上就只有黑龙江的名字了。

我很想再上溯黑龙江，可船已调头，在黑黄分明的两江中线行驶，倒也别有一番风味。

赫哲人的渔猎风采

在《乌苏里船歌》悠扬的旋律中，赫哲族向我们走来。

赫哲族博物馆就建在他们的聚居地三江口平原的江边上，建筑风格颇具赫哲人传统居所撮罗子、地窨子的特色。

赫哲族人口只有四千六百多人，是我国北方唯一的渔猎民族，有语言而无文字。博物馆中，独木舟、鱼叉、吊在顶梁上的桦树皮摇篮、鱼皮衣、狗拉雪橇等都在叙述着历史的沧桑和生命的顽强。在历史上，赫哲族曾被称为"鱼皮部""使犬部"。他们与水、鱼、犬的不解之缘很容易使人联想到因纽特人。当你看到他们居住的撮罗子，也自然会想到印第安人的住所。

津街口是赫哲人的聚居乡，大江边的村落已是砖墙瓦屋。民族文化村正在上演"伊玛堪"，一位赫哲族的魁梧汉子正用浑厚的中音铿锵顿挫、手舞足蹈地说唱民族英雄的事迹。当地的朋友说，这部说唱与藏族的《格萨尔王传》一样，可以说唱几天几夜。赫哲族口头传承的说唱文学经典现存有五十多部。

演唱"赫尼哪"民间小调的是一位赫哲族大嫂，她的歌声婉转多变、悠扬嘹亮。她身着一套鱼皮服，更是光彩照人，衣上流畅的云状花纹，三两朵小花洋溢着对美的追求。大嫂说，这套鱼皮服是由几十条鲢鱼皮用鱼线缝制的。鱼皮要经过不断捶打鞣制才绵软有韧性，现在只作为工艺品展示了，一套价值一万多元。

天之美——抚远凌晨三时日出

中国的东极在抚远，如果说中国的版图像只金鸡，它就在鸡冠上。抚远县的天涯地角是东经135°5'20"，与日本的神户几乎在同一经度。

宁静、美丽的抚远县城在黑龙江边，对岸即是俄罗斯。江边的景致吸引了小城百姓的脚步。真巧，我们遇上了隔三岔五举行的篝火晚会。俄罗斯人也来了。我们品尝了赫哲人刹生鱼、烤塌拉哈（烤鱼）、削生鱼片的风味小吃，聆听了或悠扬或高亢的中俄民歌，享受着浪漫的民族风情。回程时，突然有人问："你是安徽来的？我也是安徽人！"在这边远的小城与老乡相遇，我们都乐了，后来才知道他就是抚远县的牛书记。

都说最早受到太阳祝福的是幸福的人，朝阳最早照射的地方是吉祥的土地。朋友们都在商量着明早看日出，但又担心连日的疲劳不能按时醒来。我却洋洋自得，一是多年来的大自然探险生活，使我的生物钟特灵；二是我住的房间在最边上，两边都有特大的窗户。虽然到抚远时很晚，但在江边散步时，我注意到了景观的不同，估计应有一面是朝向东方的。

睡到半夜我心灵一激，醒来了。果然，临江一面的窗外已有了晨曦。看表，凌晨2点50分，我连忙取来了照相机。

鱼肚白已将天陲弥亮，正在驱散铅蓝的夜色。大江上响起了黎明鸟的叫声。

顷刻间红霞四射，大地生出一团血红，这时正好凌晨3点。啊，是的，是的，绀紫、赤红、金黄、晶蓝、青绿的彩霞迸射，托着一轮如火的朝阳，蒸腾磅礴，天空无比灿烂辉煌！

我连连按动着照相机的快门，我要记下太阳的初升历程，倾听血脉中回应着的太阳庄重而坚实的步伐律动……又圆又大的一轮红日腾地出了江面，水中骤然竖起红艳艳的巨柱，如她巨大的脚印。

待到太阳出了地平线，我再看表，已是3点零5分。谁说时间是看不见、无形的？旭日升跃不就是它的具象！清清楚楚地展示了时间迈动的步伐——生命的步履、生命的真谛！在这5分钟，我们居住的地球，这个"宇宙飞船"已航行了1.25个经度，飞行了138千米之多。

大自然不仅奉献了日出的壮丽，更是以自身的蕴含启示、教诲人类。感谢你，抚远的平原，你让我们无遮无拦地看到了日出，看到了生命的律动。

　　我爱看日出。儿时，在故乡巢湖边，我总喜爱看红日从青阳山头升起，夕阳在湖水中隐没。久了，心底常常萌动起新鲜的感受。

　　我在黄山观云海日出，那妩媚秀丽与波澜壮阔的交响，在心头久久回荡；在塔克拉玛干大沙漠看日出的宏伟壮丽；在帕米尔高原看朝阳从银亮的雪山中喷薄；在万里高空的飞机上看初阳的恍恍惚惚……我在特殊的时空中，总是难以抑制等待日出的渴望。我看到实实在在的时间，看到生命的壮丽辉煌，聆听大自然的教诲，这些经历激励着我珍惜时间，热爱生命，为保护大自然奔走呼号！

　　都说在抚远看日出的最佳处是乌苏镇。乌苏镇号称"中国东方第一镇"，在县城东面。当抚远的朋友说到这里时总要解释，那不是我们通常说的"镇"，因为这个镇子上只有一户人家，三口人。

　　这倒并不是因为镇子小。乌苏镇南北长约500米，东西宽约100米，三面环水，是伸出江面的高崖，犹如一座堡垒。

　　乌苏镇的出名，其实还因为这里有英雄的东方第一哨。我们仰望着雄踞在山崖上的边防军哨所，五星红旗在蓝天中猎猎作响。边防军正列队进行日常的课目，年轻英俊战士的自豪、挺拔的形象，令我们肃然起敬，将无限的敬意投到每个人的脸上。

汹涌的乌苏里江，拍打着脚下的山崖，宽阔的江面对岸即是俄罗斯，瞭望塔和哨所在树丛中隐约可见。

1984年，胡耀邦同志为表彰在长年累月、风霜雨雪中守卫着祖国的疆土、祖国尊严的边防哨所题词。墨绿色大理石纪念碑屹立在哨所中，上有鲜亮的红旗，红旗上正是奔放、凝重的手书"英雄的东方第一哨"。朋友们纷纷跑到碑前留影，将边防战士的一腔忠诚永留心底。

抚远县的朋友告诉我，夏至那天，在东方第一哨，凌晨2点15分，战士们就迎来了第一束曙光。今年的夏至是6月21日。我们在抚远看日出，在乌苏镇是6月24日，我们是幸运的。

"看了日出，到了这里，才真正感受到祖国的辽阔！"

朋友的一声感叹，激起了我往年在帕米尔高原观看日出的记忆。我们从清晨等到7点多钟，初阳才将雪山染红。如果说抚远是我国的东极，万山之祖的帕米尔高原可算是西极了。我国领土最东端约在东经135°，最西端约在东经73°，总跨度约62°。若以赤道经度距离算，那么我国领土东西长应是6800多千米。但由于地球是椭圆形的，经线之间的距离会随着纬度的升高而递减。据地理学家的计算，

　　第一束阳光照到的人是幸运儿，第一束阳光照到的土地是吉祥的福地。我站在祖国最东边抚远（东极）的黑龙江边，迎接了祖国大地的第一束阳光，看到生命和时间的启动。时间是 2006 年 6 月 24 日凌晨 3 点。据说夏至那天，凌晨 2 点多太阳已经露红

　　待到太阳出了地平线，我再看表，是凌晨 3 点零 5 分。谁说时间是看不见、无形的？旭日升跃不就是它的具象！清清楚楚地展示了时间迈动的步伐——生命的步履、生命的真谛

　　旭日在江中投下巨大的光柱，像时间隧道，让我
回忆起往年在帕米尔高原观看日出的情景

我国东西实际距离大约是 5600 千米。

如果以时间来计算，每一经度的时差是 4 分钟，东极的抚远与西极的帕米尔高原，时差大约就是 4 小时零 8 分。当然，平时使用的是时区，以北京时间为准。我国最西边是东 5 区，最东边为东 9 区，北京为东 8 区。每一时区的时差为 1 小时。也就是说，我在东极看到日出，而西极帕米尔高原却要 4 个小时后才能看到日出。

如此一算，对比在抚远和帕米尔看日出，就多了一层内涵，充满了哲理。知识使我在融会贯通中享受着智慧的快乐。

真得感谢地理学家们，为时间、距离这些空间规划了秩序，为我们的生活增添了情趣，为生命带来了度量。

从哨所下来，满载游客的汽船正靠岸，美国人、俄罗斯人熙熙攘攘地登上了码头。

县里的朋友说，这里将建立起东极天涯之角旅游风景区。乌苏里江与黑龙江的交汇，形成了大片的浅水草滩。乌苏镇边水域的 9 月，满江渔火，是捕获特产大马哈鱼的繁忙渔场。

地之美——生命摇篮的五彩湿地

若东极日出是天之美，那三江平原的湿地展现的就是大地之美。

几天来，我们穿梭于湿地之间，但在平均海拔只有三四十米的千里平畴上，视野虽能极目，却有它的片面。

离开乌苏镇之后，车在阡陌中曲折。终于，我们找到了自然保护区的瞭望台，迫不及待地攀登陡梯，磕磕绊绊地爬上了顶层。

在新的视野中，原生态大地的碧草中点缀着红蓼、黄花、紫穗。苔草、芦苇圈起雪亮的水沼，江汊纵横，银练旋环。几只白鹳正在闲步，一群白鹭在绿地中展翅——野性之美惊心动魄。

三条大江奔流、几百条小河蜿蜒所形成的三江平原，是我国沼泽分布最广泛、最集中的区域，地理环境复杂多样，数不清的水泡，沮水中台地上挺立的小叶樟，还有苔草、菖蒲、芦苇编织成各种图案，构成了多种湿地类型，在一定的意义上说这里是湿地博物馆。

眼前一片沼泽上林立着一个个塔头，如水沼中突然生出的一片蘑菇林。所谓的"塔头"，是多年的丛草根逐渐淤积形成的突兀草墩。我试着在这梅花桩似的塔头上跳着。朋友们告诫我要小心，一失足那下面很可能就是要没顶的沼泽。但踩在塔头上，体会到那种绵软的弹性，感觉真好。

刚踏上一片湿地，就发现脚下的大地在微微地震颤。又走了几步，是的，确有起伏的感觉，连忙驻足。不一会儿，我感到正在下沉，难道也像在云南草海那样，草地能够飘动？正在惊诧之际，脚前突然冒出了两个大水泡，"噼啪"有声。我连忙提足，快步轻捷地走出魔毯般的草地。

我曾在天鹅故乡巴音布鲁克湿地徜徉，天山盆地中起伏的草原，衬着蓝天几万只天鹅在翱翔，激发得我感觉似乎也生出了翅膀。若尔盖湿地独特的、原始的、巨厚的泥炭层记录了数万年的沧桑，厚重的历史感使我流连忘返，那儿是唯一的高原鹤类——黑颈鹤的故乡。

在这块湿地上有三大湿地自然保护区，三江平原湿地是最典型的代表。它和巴音布鲁克湿地、若尔盖湿地、黄河三角洲湿地、扎龙保护区湿地、辽河三角洲湿地并称为中国最美的六大湿地。

湿地是"地球之肾"，不仅能调节水的丰歉，更是生命的摇篮。据考察，三江平原湿地生物物种异常丰富：这里生活着脊椎动物近300种，高等植物近500种。"棒打獐子瓢舀鱼，野鸡飞到饭锅里"就是最好的写照。每到春夏，有十多万只水禽到这里生儿育女。天鹅嘹亮的歌声，丹顶鹤的桑巴舞姿，野鸭、鸿雁……与湿地谱写出有声有色、美轮美奂的大地之歌。

湿地中最丰富的可能是鱼类了。在抚远的鱼展馆，我们看到生活在这里的近百种鱼类的标本。大马哈鱼、鲟鱼、鳇鱼尤为著名。鲟鱼可长到上千斤重，鳇鱼子名贵到数千

美丽的三江湿地

元一斤。

　　抚远的朋友说，要看捕获大马哈鱼最好的时间是每年的9月下旬，最好的地点是在乌苏镇和牤牛河口。三江流域是大马哈鱼的故乡，每年的9月，大马哈鱼就从生活的太平洋鄂霍次克海开始回归之旅，溯乌苏里江艰难前行。那种对故乡的思念之情是任何急流险滩，甚至高崖悬瀑也无法阻挡的，那种完成生命职责的忠诚震魂摄魄。这也是棕熊豪宴的季节，它们在滩头或瀑布的下面站立，只要一挥拳就能击到大鱼，饱食富有营养的鱼肉，储存整个冬眠期的脂肪。母熊还要产崽哺幼。

大约是 9 月 25 日前后，鱼群终于到达了抚远县的江河。牤牛河口沙底清澈、水浅，是大马哈鱼最喜爱的产床。黑压压的一片，万头攒动的大马哈鱼，用吻部在河床中拱出沙坑，然后产卵。待到将卵产完，完成生命的职责之后，它们溘然长逝，将自己的躯体留给子女们作为饵料。小鱼们靠着母亲的哺育顺流而下，前往大海大洋中成长。

　　这时，正是信风陡起之时，候鸟因寒冷而南迁。牤牛河口就成了它们最佳的停靠站，河面上漂浮的成片的大马哈鱼成了最好的食粮。大马哈鱼一生只产一次卵，它悲壮的一生为民间故事所歌唱。

　　一位赫哲族老人告诉我：在他年轻时，在一个不大的水泡中，不用渔网、渔叉，凭着两只手就能捉到几百斤鱼。现在，在一个捕鱼季节，也很难捕到几条像样的大马哈鱼。沼泽地被推土机平整了，种上了庄稼。

　　幸而，鲟鳇鱼繁育养殖基地就建在抚远县，年生产孵化能力已突破了 5000 万尾，向黑龙江中投放了大量的鱼苗。在鱼池中，我们看到了背上有着犹如龟板的块状花纹的鲟鱼和鳇鱼。

　　大片的湿地消失了，变成了农场，变成了商品的基地。"北大仓"的形象概念是每年可提供北京、天津、上海三市几千万人口的食粮还绰绰有余。但另一方面，湿地面积减少，世界上三大黑土地之一的三江平原黑土层也在变化，其厚度在逐年下降。生态的破坏，带来了洪涝、风沙、霜冻等自然灾害。双刃剑就是如此残酷！

在富锦市，分管农业的郭福山副书记送了我一本三环泡湿地自然保护区的画册。当我看完了美不胜收的湿地风光后，说出了对湿地保护的担忧。郭书记说，目前正努力将几个小保护区整合为一个整体，加强保护的力度，再就是严禁开荒。不一会儿，他又送来了一份文件，我读了之后，对那些保护湿地的得力措施有了深刻的印象，也多了一些欣慰。

佳木斯的市委书记郭晓华同志，豪爽、风趣、富有人格魅力。在听完了我们对佳木斯的魅力感受之后，说："我

北大荒碧绿的原野

们正在申办魅力城市。与过程相比，结果是否评上并不重
要。我们就是希望通过这次申办，让大家了解我们这片土
地，热爱家乡，凝聚人心，找出差距，努力建设小康社会，
让佳木斯发挥出无穷的魅力！"

—— 后 记 ————————————————————————

　　两年前的初夏，我本正忙着手头的一堆事，突然有朋友约
我去东极，于是我毫不犹豫地匆匆踏上行程。

　　2004 年、2005 年我曾两次到达我国的西极帕米尔高原，
这次又到达我国的东极，实在是一次奇妙的地理之旅。

　　在西极和东极，可以真真切切地感受到祖国的辽阔，看不
见的经度，却有了长度感，东极、西极的日出日落，使我有了
时空的具象！

　　人们喜爱看日出、日落，大约正是因为日出对生命的启
示吧！

　　我渴望着有一天能去我国的南极和北极参观考察。

象脚杉木王

兄弟王

杉木有万用之木的美称，福建素有杉木之乡的盛誉。南平市王台镇安槽下杉木丰产林，每亩积材 82 立方米。称王的杉木有数棵，大王在梅花山自然保护区，那里有一万多亩的杉木林。

四五月的梅花山云遮雾罩，秀媚神秘，忽晴忽雨，多彩多姿。那天是雨季中绝好的大晴天，我从古田出发，经芷溪到曲溪。两旁大山上米槠林树冠怪异，保护区的老王说，是去年大雪压断了很多枝干造成的。沿山循水，一阵流云，我们来到保护区罗胜管理站。管理站依踞左边山崖，大山在这里豁开石门，云流奔涌，飘荡如河。于是，山谷翠绿漫溢，红花流动。

右前方一棵巨树屹立，有着塔状树冠，我们以为那就

150

是杉木王。小黄说："那是棵油杉王，还不算是最大的王！"
随即要管理站的小李去采几根枝条，我想带回去扦插。又说：
"先去看'七姐妹'吧！"

　　石门守隘的山谷错综，我们向右边山谷拐去，路在秧
田中蜿蜒。山溪纵横，岸边开满各色野花，丝丝缕缕的游
云在身边飘来绕去。又进一岔谷，迎面几棵柳杉，树冠峻峭，
似柏树，又像西北的高山杨，主干挺拔，枝条紧贴主干向上，
苍劲，拙偃。是谷口的风厉，或是大山的挟持，使它将素
有的宽幅树冠化繁为简。

　　向左过小溪，溪边一丛兰花，幽香阵阵。登山，坡陡，
无路，乱石丛中东一脚西一脚。扑通一声，李老师跌下。
等到小黄急忙回头拉她时，她已清脆地笑着站起来了。

　　上面林子里传来李老师的招呼声。我正在听鹃鸟的悠

杉　　木：也称沙木。杉科。常绿乔木，高可达 30 米以上。
　　　　　叶基部扭转成两列，线状披针形，有锯齿。球果圆卵形，
　　　　　当年成熟。种子扁，近圆形，两侧有翅。
　　　　　分布于中国长江流域及以南各地，多人工林。喜光，
　　　　　喜湿润气候和酸性肥沃土壤，生长快。
　　　　　木材色白或淡黄，木纹平直，结构细致，易加工，能
　　　　　耐朽，受白蚁蛀食的危害较少，供建筑、造船、造纸
　　　　　等用材。树皮可提制纤维，树皮、根、叶可入药。为
　　　　　中国重要用材树种。

扬曲调，努力分辨出是画眉还是黑脸噪鹛，抑或是相思鸟。

坡下只能听到他们热烈的谈话，循声看去，一片浓郁的绿林，八九株翠竹散落在周围。攀过一个大岩，就见他们正在一片茂密的树旁。七棵杉树熙熙攘攘地长在一起，小黄问我有无发现奥妙。细细打量，七棵杉树的根部连在一起。

难道是一母孪生？

确实是的。一棵大杉木被伐后，根部同时萌发出七棵幼杉。不需要种子，不需要播种，这是杉木生命繁殖工程中奇特的现象，我们已将它立为研究项目。

说着，小黄和老王已在测量七棵杉木的胸围，计算生长量。虽是一母所生，但各有所长，最粗壮的一棵胸径已达 44 厘米，最小的才 20 厘米。小黄从中得到什么奥秘呢？若是将它们加在一起，其胸径已在一米八九十厘米。那么母树呢？当是一棵胸径约两米以上的树王！

它们主干秀长，树冠柔美，春风轻拂，状似并肩亭亭玉立的孪生七姐妹，似是正在指点前山火红的杜鹃、洁白的木兰，谈笑风生……

序曲之后，再越一小岭，经村寨转向另一条山谷。

路在古柳杉群落中间，满满一山谷全是粗壮高大的柳杉，胸径都在一米五六十厘米，树龄最少有五六百年。浓绿苍郁的世界，诱得你想躺下来，静静地享受绿的沐浴、叶的清香。我们已走访了福建好几个自然保护区，每个保护区都有古柳杉群落，但还是第一次见到这样大面积的古柳杉群落，它们溢出了山谷，挤满山坡。

路向右转，沿石级上岭，岭上是古柳杉；下岭，两旁也是林立的古柳杉。

谷口开朗，远处左右山头各有一棵巨树，遥遥相望，如两座宝塔相视相峙。老王说，那仍是两棵油杉，也应是王。有林学家认为：胸径超过一米的即可称为王。可惜它不是保护区最大的油杉王。

下岭到罗盛村，小盆地的中部。房舍在两条小溪旁，依地势高低错落而建，沿村中水泥路蜿蜒。小黄说这里有棵厚朴，要和老王去采标本，岔进一条小巷。我和李老师只得依路向前，出了村有歧路，田野秧苗碧绿。正彷徨间，李老师看到左前方小岭坡下一片树林，有两棵大树并肩兀立。树冠并不浓郁，又因背景是岭，感到有些稀疏落拓。

沿田间小路到达近处，忽见粗壮的树干堵面，惊得我们一愣。好家伙，它迫使你强烈地感到它正在砥撑头顶的天宇，巍巍，雍容。我们只好向后退让，才看到它劲节的虬枝和墨绿的树叶，赭色的躯干上绿苔斑驳。它的主干在长到两三米处分成两枝，如兄弟般亲密，并肩耸立，树冠垒塔。我们五人未能将其环抱，旁边竖有"杉木王"大牌，记录了1992年的测定：胸径为1.91米，树高34米，树龄为 960 年。

我们无法知道杉木王九百多年的风风雨雨，只能希冀从苍劲、古拙的鲜活的生命体中，判读出一些历史的遗迹。然而，徒劳的我只能从稀疏的杉果中引出关于生命的无限遐想……

一步三回首地离去，有种情绪在我胸中涌动，又理不出头绪，只是一种朦朦胧胧的感觉。转而一想，历经了近十个世纪的时光，它至今依然屹立在那里，其本身就是对生命的赞颂。我心稍稍释然。

出罗盛村，水口庙宇迎面，两旁山岭上古树郁郁葱葱。小黄说那是油杉，胸径在一米二三十厘米。闽西每个村落在溪水出口处都有跨水而建的庙宇，多为两层木结构的建筑。传说是它能关住财富，拒绝邪恶。水口处因是风水宝地，总是古树参天。旁有石碑，记载着村史，似是为杉木王做了诠释。

到达管理站，快上车时，小李送来他采的站旁一棵古油杉的枝条。小黄接过一看，笑了："我误将杉木当油杉了，这也是一棵杉木王，应该重新记录！"

象脚王

9月，我们跋涉在云贵高原，从梵净山辗转到黔东北角的沿河土家族自治县。在麻阳河峡谷中探索了黑叶猴王国之后，决定再去黔西北角的习水，探索那里的常绿阔叶林文化。9月14日，我们早晨即动身，在崎岖的山道中盘旋，三百多公里的路，汽车竟然跑了近八个小时才到达遵义。过娄山关，至古夜郎国——桐梓，这段路虽险要，但路面平整。

"夜郎自大"的成语，家喻户晓，它在娄山关下的盆地中。县城整洁繁荣，盆地不算大，群山环绕，关隘险峻，构成了称"国"的自然环境。古夜郎国在历史上的消失，虽不及玛雅人神秘，但已引起学者们的纷纭宏论。

我原想在这两处名胜盘桓，但天气阴沉，且还有数百公里的行程，只得匆匆赶路。路口询路，说是还有两百多公里，老汪说不应该有这样长的距离，可言者凿凿。看样子，子夜时分才能到达习水。

刚出县城，又是坑洼不平的路，夜色也匆匆而至。山路陡峭，不见村寨。雨也来了，紧一阵、慢一阵。司机小黎第一次跑这条路，更是小心翼翼。

突然，车灯光中见四五人肩背手提。小黎一愣，我们也一震，直到看见一塑料棚，棚前堆有笋，大家才松了口气，原来是采笋人送货到收购站。小黎一踩油门，快速通过。

我突然惊诧，什么竹子九月才出笋？老汪恍然大悟：说是方竹，这里应是县管的方竹保护区。常见的竹多为圆形，而竿为方形的竹，且大片生存是罕见的。我请小黎调转车头，回去看看那笋是否也是方形的。小黎不应，全神驾车，老汪也无反应，车内立时陷入沉默。我很奇怪，几天来，老汪和小黎对我是有求必应，现在却沉默无语。

无边的黑夜，层叠的大山，我睁大眼睛左右环顾，不见一丝亮光。车忽上忽下，如茫茫大海中一叶小舟，不知在何处漂泊，不知向何处漂泊，只有急弯处刺耳的刹车声警示，才把我拉回到现实的世界。李老师以女同胞特有的细心，一会儿为小黎剥口香糖，一会儿递一点干粮，以免他困倦。

车行两个多小时，依然不见村寨，依然不见一星亮光。夜显得格外沉重，雨也稠，整个人都觉得黏糊糊的，寒气逼人，大家纷纷加衣服。突然，发动机声音有异，正巧快到坡顶，路面松开，碎石遍地，导致轮子打滑。左边是峭壁，右边是悬崖，大家的心一下提到了嗓子眼儿。清秀的小黎脸色一凛，猛踩油门，轮胎卷起碎石打得车底叭叭响，似是往上一蹿，落在坡上平地。小黎擦了擦脑门上沁出的汗水，将车减速。老汪却厉声说："别停车，把警灯全打开！"

气氛陡然紧张，各人都注视一个方向，团团黑影、龇牙咧嘴的崖一晃而过，虽然都有着山野的经验，但谁也不敢怠慢。

难道是碰到了车匪路霸？或是碰到黑熊一类的猛兽？

为什么刚巧在最陡处路面被松开？抑或是发动机有了故障？无论哪一种情况，在这样的深山，在这样的深夜，都是挺麻烦的。

"前方左边有人！"李老师小声提醒。

果然有人影在树丛中。

"我不发话，你只管往前冲！"老汪对小黎下达了命令。

前面三五条汉子已站住。小黎加大油门，风驰电掣般开了过去。在擦过那些人身边的一刹那，瞥见有两人将身子侧转了过去。我松了口气，可老汪仍然瞪圆了眼注视着前方，小黎也未有丝毫松懈。

直到近一个小时后有了灯光，灯光中现出了村寨的影子，小黎才将身子稍稍往后仰了点。前方是座挺繁华的大镇子，满街是各种货车。有了岔道，我坚持问路。饭店的老板很热情，说是再往前就到四川了，又说这些车都已停下过夜，在这样的天气、这样的山区，谁还愿冒险呢。他接着说这里房间干净，价格便宜。我们只是问去习水的路，他才很不情愿地说是另一条路。

深夜，在一片雾蒙蒙中，我们终于到达了习水。保护区的老刘急得四处打电话，说若是再有半小时不见我们的车，他们就要派车出去找了。

习水是酒乡，名酒有习水大曲。国酒茅台酒厂也离此不远，市容小巧，黔西北风味浓郁。

习水中亚热带常绿阔叶林国家级自然保护区，属森林生态系统。老刘介绍时，谈起原始森林中树种的丰富，稀有林木的巨大，树干树形的多彩，文化形态的纷繁，诱惑力极强。还说到贵州才是杉木之乡，有中国最大的"杉木王"！

又是个杉木王！

"你还不信？地图上都标得清清楚楚哩！"

我笑了，多年养成的习惯，每到一陌生处所我总是先看地图。老刘满腔委屈，转身从柜子里拿出一幅地图打开，"杉木王"三字果然赫赫标在习水的旁边。轮到我瞪大了眼，再看上方，是幅旅游地图。但却表明了人们对自然的重新认识，这里以"杉木王"自豪！

天气虽然没有转晴，我们还是急切地去寻找中国的杉木之最！但老刘却要去长嵌沟，我有点奇怪。他说："那整整一条沟全是丹霞地貌，两旁天然丹红石壁。风雨雷电不仅塑造了丰富多彩的石雕，而且刻画了无数美妙绝伦的形象。那是条艺术的长廊，保证你进去了就流连忘返。"他调皮地眨了眨眼。

他葫芦里卖的是什么药？

车刚到沟口却向右一拐，进入一个小山谷。不多远，迎面一座庙宇，金碧辉煌。我有点茫然。老刘解释说："杉王庙！"

158

棕红色的树干油光闪亮，透出无限生机。尤其是根部，鼓突出一个个肌肉强健的树包，活脱脱如大象的脚

常见的是寺院中多有古树，树依庙而存。我是第一次见到为树建寺，寺依树而存，心里不禁好奇。我站住环顾四周，虽然满目绿色，但并没有一棵大树。

"你们搞文学的最忌直奔主题吧？"老刘调侃。

溪边开满淡红、淡紫、淡蓝、淡黄、粉白相间的花朵，虽不是斑斓艳丽，但高雅飘逸。老刘也讲不出它们的学名，说是像翩翩飞舞的蝴蝶，就叫蝴蝶花吧！

过小桥后未走远，"向右看！"老刘在身后发号令。

峰回路转，又有一山坳。从西面崇山中流来银亮的溪水，映着铺满大地的金黄的稻禾。紧走几步，仔细搜索，绿色葱茏的山嘴处有矗立的树冠。如果不是在福建梅花山有了寻找杉木王的经验，还真难在这万木繁茂的背景中发现它。与那棵杉木王比较，塔状的树冠显得浓稠，但依然是那种刚劲、苍郁的绿。这时，正巧云天洞开，阳光如万千金霞照射，杉木王主干下端闪动着红色的光芒。

沿着南面的山溪迂回，我们终于看清了，杉木王立地的山陇，左右各有一条小溪从深山的西北向和东北向流出，那山嘴犹如巨鼋之首微昂，似在伫立凝目远望。这里的杉木王就是根独立的大桅，桅上旗帜猎猎响动。它一根主干通天，不似梅花山的杉木王分为两枝。

快到杉木王跟前了，大家却不约而同停下脚步，注视着它巨大的雄伟的躯干：未见一根枯枝，下部棕红色的树干油光闪亮，透出无限的生机，昭示着旺盛的生命；尤其是在根部，鼓突出一个一个肌肉强健的树包，活脱脱如大象硕大的脚。闭目之际，我似是感觉到大象在森林中走动时大地的微颤。

"这是棵象脚杉木王！"同伴们听后齐声鼓掌，赞成我的感叹。

我们围绕着杉木王走了一圈又一圈，细细地观察着它的变化，六七个人还未能将其环抱。据近年的测定，它的胸径有 2.38 米，树高 44.8 米，冠幅为 22.6 米，主干蓄材

　　贵州习水杉木王，我们六七个人还未能将其环抱。
1976年，一位林学院的教授考察之后宣称：这是中
国现存的最大的"杉木王"

量高达 84 立方米。1976 年，南京林学院的一位教授考察了这棵巨树，为其顶冠加冕，确定为中国现存的最大的"杉木王"！

相传这棵杉王是南宋时期将领袁世盟率兵入黔，屯兵于此栽种的，至今已有七百多年的历史。民间盛传，当年红军长征由娄山经过此地，强渡赤水时，毛泽东、周恩来、朱德曾相聚于此树下小憩，盛赞此树。

十多年前在参加新安江上游考察时，我们于深山中发现了一片纯杉木林，那里是蛇的王国。林科所的老赵曾对我说，杉木生长旺盛期为 60 年，之后就进入了晚年。

然而无论是梅花山或是习水的杉木王，都已是八九百年的高寿了。梅花山的那棵兄弟杉木王寿达 960 年，胸径还未到 2 米。这棵象脚杉木王年轻了近 200 岁，胸径却达到了 2.38 米，它为何还依然生气勃勃、生命洋溢呢？

老刘说："你看，这是四面环山的小盆地，海拔在 1100 米左右，气候温暖、湿润，这是'天时'。土壤是紫色沙页岩上发育的紫色土，你说像巨鼋的山体，是一条小山脊延伸至小盆地边缘的坡脚，两条山溪相汇前端，刚巧使此处成了个小三角洲，土肥水足，它立足于此，真是得天独厚，这是'地利'。因其古大珍奇，百姓视为神树，在旁建立了寺庙，后人因为怕它影响杉王的生长，才将杉王庙迁到山口，仍与其遥相呼应。杉木王一直得到人们的爱护，这就是'人和'。你看那树冠顶尖上的树枝有点特别吧，前年一场雷暴雨时，它遭到雷击起火，四里八乡紧急救护，才未酿成大祸。"

"有了天时、地利、人和这三宝，岂能不繁荣昌盛？你明年春天来看吧，老枝抽新绿，寄生植物白花点点，那种神采飞扬的神韵会让你词穷文拙。"

老刘当然看到了我盘诘的神色，微微笑了笑，说是要喘口气。我连忙递去了水，让他润润喉。他接着说："教科书上确实是说，杉木的生长旺盛期为六十年。但杉木王已有七百多年的高寿，这其中可能隐藏了极奇妙、极珍贵的生命奥秘。它的基因与其他杉木有何不同之处？能破译出其中的密码吗？这种特性有遗传性吗？这种密码能移植吗？诸多分子生物学上的问题，毫无疑问已激起科学家的浓厚兴趣。所以，我们要保护好它，保护生物的多样性。对我们来说，保护名木古树不仅是文化行为，不仅仅是环境保护，还有重要的一面，保护科学——保护生命科学。杉木王和我们人类一样，是生命现象，是生命的实体。每寻找到一棵树王，就是寻找到了一个宝贵的至今依然鲜活的、长寿的生命体。可以发挥一下想象力，如能了解杉木王或无论哪种树王，是如何抗拒几百年甚至数千年风霜雨雷、虫灾旱情以及各种灾祸的摧残，依然保存着旺盛生长，这种顽强的生命力基因，将是生命科学上多么巨大的发现！

你还可以尽量扩展你的想象力去思考这些问题，怎么想都不过分。"

是的，我们已被带进一个无限的想象世界！想象力是创新的基石！

不知不觉中光线暗淡了，云又将山峦遮去。慌得李老师赶快去选取镜头，她很惋惜在生命幻想曲中沉浸得太久，没有拍到满意的照片。但又很兴奋，倾听到美妙的生命畅想乐章。

老刘催我们赶路，说是长嵌沟的艺术长廊呼唤得太久……

── 后记 ──

自从福建梅花山的那棵杉木王生存在我心间，我就开始了对于树王壮美生命的思考。

2003 年在西藏的林芝，我们游览了一片胸径都在一米多的柏树王，它们占据了整整一片山坡，有几十棵，其寿应是千年以上。2000 年在由类乌齐去昌都的山上，我们看到一片唐柏，经考察证实，其寿也在千年以上，但它们没有林芝的柏树王粗壮，胸径多在七八十厘米，其中最细的一棵胸径只有五六十厘米。这些柏树王为何有如此巨大的差距？

还是在西藏的然乌湖畔，我们见到了几片生活在草地、胸径在一米以上的山柳，沧桑古拙，如诗如画。

在云南腾冲高黎贡山，有棵古银杏，其树干已空，曾被当作牛屋，可见其胸径当在两米以上。树冠几经雷击已经稀疏，但就在已经中空只剩下树皮的树干上，新芽、新枝鲜绿⋯⋯

2005年，在南疆的尉犁县沙漠中的胡杨林，我们找到了成片的胡杨王，胸径都在一米以上。塔里木河的下游已经断流了，但就在岸边不远处，一棵三十多米高，胸径近两米的胡杨王伟岸屹立。

我在天南地北都寻找过树王，都拜访过树王。

它们的同辈在历史的磨砺中早已销声匿迹，只留子孙传承，但树王却能够岿然不倒！

树王长寿的密码能够被解开、被移植、被克隆吗？

给猴王
照相

刘先平
40 余年大自然考察、探险
主要经历

1974 年—1980 年：

    参加野生动物科学考察队和建立自然保护区的考察，主要区域在皖南的黄山和皖西的大别山。1980 年以前这里一直是刘先平的生活基地，至今每年至少考察两三次。这里美丽奇绝的自然风光、深厚的人文底蕴，曾吸引了诗仙李白等长期在此漫游。目睹了生态的恶化、珍稀动物的灭绝、人与自然的矛盾，激励刘先平于 1978 年重新拿起笔来呼唤生态道德，孕育了描写在野生动物世界探险的长篇小说《云海探奇》《呦呦鹿鸣》《千鸟谷追踪》及《爱在山野》《山野寻趣》等中篇。

作者在黄山考察。从 20 世纪 70 年代中期到 1981 年，黄山是作者的生活基地

    刘先平从 1957 年开始发表作品，先是诗歌、散文，后涉足美学和文艺批评。

    1978 年完成在野生动物世界探险的长篇小说《云海探奇》，1980 年出版，被认为是中国大自然文学的开篇之作、标志性作品。

    那时的野外考察是很艰难的，在山里行走，只能凭着"量天尺"——双脚。根本没有野营装备，只能搭山棚宿营。科学家凭着什么去跋山涉水呢？是对祖国的热爱和对科学的探索精神。

1981 年：

    4 月，考察云南西双版纳热带雨林，访问昆明植物研究所。为热带雨林繁花似锦的生物多样性震撼，从此走向更为广阔的自然，将认识大自然

166

作为第一要务。5月，探险四川平武、黄龙、九寨沟、红原、卧龙等地并考察大熊猫。之后，在四川参加保护大熊猫、金丝猴的考察，前后历时6年。著有长篇小说《大熊猫传奇》、考察手记《在大熊猫故乡探险》《五彩猴》等。那时这些地方还充满了原生态的独特美。10多年之后重走这条路，不少自然之美已找不到了。

1981年作者在川西参加考察大熊猫途中，穿越松潘草地。之后开始走向更为广阔的天地

1982年：

考察浙江舟山群岛生态和小叶鹅耳枥（是当时全世界尚存的唯一一棵）。描写在野生动物世界探险的长篇小说《呦呦鹿鸣》出版，另有《东海有飞蟹》。

1983年：

10月，在大连考察鸟类迁徙路线。11月，考察广东万山群岛猕猴及海南岛热带雨林、长臂猿、坡鹿、珊瑚。从这年开始，他认为大自然文学应是多样的，想将一个真实的自然奉献给读者，因而将主要精力转到对大自然探险中奇闻、奇遇的写作，著有《爱在山野》《麋鹿找家》《黑叶猴王国探险记》《喜马拉雅雄麝》《寻找树王》等。

1985年：

7月，沿辽宁丹东—黑龙江小兴安岭路线考察森林生态。

1986年：

8月，在新疆吐鲁番、乌苏、喀什等地探险及考察生态。

1988年：

赴甘肃酒泉、敦煌等地考察生态。

1991年：

9月，应邀赴法国、英国访问和交流，同时考察生态。著有《夜探红树林》等。

1992 年：

8 月，考察黑龙江大兴安岭、内蒙古呼伦贝尔森林和草原生态。

1993 年：

8 月，应邀赴澳大利亚访问和交流，同时考察生态。著有《鹦鹉唤早》等。

1995 年：

9 月，在黑龙江考察东北虎。

1996 年：

12 月，考察鄱阳湖、长江中游湿地、候鸟越冬地。"刘先平大自然探险长篇系列"（5 本）出版。

1997 年：

11 月，应邀参加中国作家代表团赴泰国访问，考察亚洲象。12 月，在海南岛考察五指山和霸王岭黑冠长臂猿。

1998 年：

7 月，考察云南澄江寒武纪生物大爆发化石群，抵达腾冲，原计划去高黎贡山寻找大树杜鹃王，因雨季受阻，在西双版纳探险野象谷。8 月，在新疆考察野马、喀纳斯湖和被称为天鹅故乡的巴音布鲁克，第一次穿越塔克拉玛干大沙漠。著有《天鹅的故乡》《野象出没的山谷》等。

1998 年，作者和李老师穿越塔克拉玛干大沙漠

1999 年：

4 月，在福建考察武夷山等自然保护区及动物模式标本产地和小鸟天堂，寻找华南虎虎踪。7 月，应邀赴加拿大、美国访问和交流，考察国家公园。8 月，一上青藏高原，主要考察青海湖。9 月，探访贵州麻阳河黑叶猴和梵净山黔金丝猴。著有《黑叶猴王国探险记》《灰金丝猴特种部队》。

2000 年：

1 月，考察深圳仙湖植物园。5 月，探险江苏大丰麋鹿自然保护区。7

168

月，二上青藏高原。探险黄河源、长江源、澜沧江源，由青海囊谦澜沧江源头和大峡谷至西藏类乌齐、昌都、八宿（怒江源头），到云南德钦、丽江、泸沽湖。沿三江并流地区寻找滇金丝猴。

作者和李老师前后历时近两月的行程，充满了难以想象的困苦和危险，但却充满了发现的快乐和幸福。谁能想到黄河源的鄂陵湖、札陵湖是那样的蓝，蓝得靛青！鄂陵湖中小岛上居然栖息着一级保护动物白唇鹿。夏天，鹿妈妈游水到草地，为小鹿驮来青草；冬天带着孩子从冰上去探望外面的世界，西藏有那样美丽的森林。10 月，赴广西考察白头叶猴。11 月，赴海南再次考察大田坡鹿、红树林生态变化。著有《掩护行动——坡鹿的故事》，"中国 DISCOVERY 书系"（4 本）出版。

2001 年：

8 月，应邀赴南非访问和交流，考察野生动植物。

2002 年：

3 月，赴安徽砀山考察。4 月，赴高黎贡山寻找大树杜鹃，一探怒江大峡谷，但因大雪封山，未能到达独龙江。6 月，去湖北石首考察麋鹿。7 月，再去江苏大丰考察麋鹿。8 月，三上青藏高原，探险林芝巨柏群—雅鲁藏布江大峡谷—珠穆朗玛峰自然保护区，到达海拔 5200

2002 年，作者在高黎贡山无人区

米，瞻仰珠穆朗玛峰。历经数次受阻，21 年后终于瞻仰到美丽宏伟的大树杜鹃。完成《圆梦大树杜鹃王》《峡谷奇观》，另有《麋鹿回归》等。

2003 年：

4 月，在四川北川、青川考察川金丝猴、大熊猫、牛羚。8 月，应邀赴英国、挪威、丹麦、瑞典访问和交流，由挪威进入北极圈。著有《谁在跟踪》，"东方之子刘先平大自然探险系列"（8 本）出版。

2004 年：

8 月，横穿中国，由南线走进帕米尔高原，考察山之源生态、风土人情。路线是青海柴达木盆地察尔汗盐湖—可可西里—雅丹地貌—花土沟油田，翻越阿尔金山到新疆若羌，再次穿越塔克拉玛干大沙漠至帕米尔高原。10月，参加中国作家代表团访问南非、毛里求斯、新加坡。著有《鸵鸟小骑士》等，《云海探奇》《千鸟谷追踪》收入"传世名著"。

2004年，作者在帕米尔高原冰山之父的慕士塔格峰

2005年：

7月，横穿中国，由北线走进帕米尔高原，寻找雪豹、大角羊、野骆驼。路线是甘肃河西走廊—罗布泊边缘，再次从北线穿越柴达木盆地到花土沟油田。原计划进入阿尔金山自然保护区，未成，回敦煌—库尔勒，第三次穿越塔克拉玛干大沙漠—托木尔峰—伽师—帕米尔高原—红旗拉甫。10月，在重庆金佛山寻找黑叶猴，在沿河土家族自治县再探黑叶猴。著有《走进帕米尔高原——穿越柴达木盆地》等，《黑麂迷踪》《寻找失落的麋鹿家园》出版。

2006年：

4月，二探怒江大峡谷。但又因大雪封山未能进入独龙江，转至瑞丽。6月，考察黑龙江佳木斯三江平原湿地。10月，第三次探险怒江大峡谷，终于到达独龙江。著有《东极日出》等。

2007年：

7月，去山东等地考察候鸟迁徙路线。9月，在四川马尔康、若尔盖湿地、贡嘎山等地寻访麝、黑颈鹤及层层水电站对生态的影响等。《胭脂太阳》《鹿鸣麂唤》出版。中英文双语版《我的山野朋友》、英文版《千鸟谷追踪》出版。

2008年：

7月，考察东北火山群，路线是黑龙江五大连池—吉林长白山天池—辽宁朝阳古化石群。9月，应邀访问英国、丹麦。"大自然在召唤系列"（9本）出版。

2009年：

6月，考察陕西秦岭南北气候分界线及大熊猫、羚牛、金丝猴、朱鹮。

170

2010 年:

9月,应邀出席在西班牙举行的国际安徒生奖颁奖典礼,考察瑞士高山湖泊、德国黑森林的保护。"我的山野朋友系列"(16本)出版,英文版《金丝猴跟踪》《爱在山野》《黑叶猴王国探险记》《麋鹿找家》出版。

2011 年:

6月、9月、10月,到海南、西沙群岛探险。著有《美丽的西沙群岛》《七彩猴树》《寻找巴旦姆》《追踪雪豹》,英文版《大熊猫传奇》《云海探奇》出版。

2011 年,作者与李老师在西沙群岛东岛

2012 年:

7月,探险神农架自然保护区。8月,六上青藏高原,沿青海湖—可可西里—花土沟油田,前后历时8年,历经3次,终于进入阿尔金山自然保护区(四大无人区之一),看到了成群的野驴、野牦牛、藏羚羊、岩羊,最后到达西藏拉萨。著有《天域大美》《红豆相思鸟》等。

2013 年:

7月,考察湘西和张家界的生态。8月,在呼伦贝尔大草原考察。9月,在南麂列岛考察海洋生物。"我的七彩大自然系列"(4本)、"探索发现大自然系列"(8本)出版。英文版《鸵鸟小骑士》出版。

2014 年:

3月,考察云南、贵州喀斯特地貌的森林和毕节百里杜鹃——"地球的花腰带"。

2015 年:

3月,赴南海考察珊瑚。著有《追梦珊瑚》《惊魂绿龟岛》等。8月,赴宁夏考察贺兰山、六盘山、沙坡头、白芨滩、哈巴湖自然保护区。《寻访白海豚》《藏羚羊大迁徙》出版。《大熊猫传奇》和《云海探奇》影像版出版。

给猴王
照相

2016 年：

7月，赴英国考察皇家植物园和白崖。9月，考察黄山九龙峰自然保护区。10月，考察长江三峡自然保护区、恩施鱼木寨、水杉王、恩施大峡谷。《追踪黑白金丝猴》《海星星》《寻索坡鹿》出版。波兰文《金丝猴跟踪》《爱在山野》《黑叶猴王国探险记》《麋鹿回家》出版。

2017 年：

4月，考察牯牛降云豹的生存状况。10月，考察福建、广东海洋滩涂生物。11月，在黄山徽州区考察中华蜂的保护状况。著有长篇《追梦珊瑚》《一个人的绿龟岛》，另有《小鸟生物钟》。

2018 年：

2月，重返高黎贡山，考察盛花大树杜鹃王。3月，在当涂考察养蜂。5月，去雷州半岛考察海洋滩涂生物。8月，考察长江三峡地区生态变化。9月，考察云南中国科学院昆明植物研究所。12月，赴云南高黎贡山国家级自然保护区考察沟谷雨林和季雨林。著有《续梦大树杜鹃王——37年，三登高黎贡山》《孤独麋鹿王》《金丝猴跟踪》等。

2019 年：

4月，考察安徽宣城丫山国家地质公园。5月、6月，考察黄山九龙峰自然保护区。7月，考察青岛滩涂海洋生物。8月，考察九龙峰自然保护区。